给孩子的极简Python编程书

基础篇

编程与生活

一石匠人 廖世容 著

電子工業出版社
Publishing House of Electronics Industry
北京 · BEIJING

图书在版编目（CIP）数据

给孩子的极简 Python 编程书. 基础篇. 编程与生活 / 一石匠人，廖世容著. —北京：电子工业出版社，2023.10
ISBN 978-7-121-46496-6

Ⅰ. ①给… Ⅱ. ①一… ②廖… Ⅲ. ①软件工具－程序设计－少儿读物 Ⅳ. ①TP311.561-49

中国国家版本馆 CIP 数据核字（2023）第 198636 号

责任编辑：王佳宇
印　　刷：北京市大天乐投资管理有限公司
装　　订：北京市大天乐投资管理有限公司
出版发行：电子工业出版社
　　　　　北京市海淀区万寿路173信箱　　邮编：100036
开　　本：720×1000　1/16　印张：37.75　字数：543.6千字
版　　次：2023 年 10 月第 1 版
印　　次：2023 年 10 月第 1 次印刷
定　　价：149.00 元（全 4 册）

凡所购买电子工业出版社图书有缺损问题，请向购买书店调换。若书店售缺，请与本社发行部联系，联系及邮购电话：（010）88254888，88258888。

质量投诉请发邮件至 zlts@phei.com.cn，盗版侵权举报请发邮件至dbqq@phei.com.cn。

本书咨询联系方式：电话（010）88254147；邮箱wangjy@phei.com.cn。

我的上一本图书《读故事学编程——Python 王国历险记》已经出版四年时间了。再次提笔写书的主要动机是给自己的孩子看。作为少儿编程教育的从业者，我深知编程对孩子成长的重要作用。同时我也看到了在少儿编程课程设计中孩子学习与练习会遇到的诸多问题。作为两个孩子的父亲，我想把最好的少儿编程内容教给他们，让他们少走弯路、节约时间、关注要点。于是就有了这套书的编写计划。

在持续写作的过程中我突然意识到这套书还可以帮助更多的孩子，于是这套书才得以与读者朋友们见面。

一、写作原则

知识选取

并不是所有的编程知识都适合孩子学习，也不是效果越酷炫的内容越值得孩子学习。本书不是一个“大而全”的手册或说明文档，而是选取了最必要的、最常使用的、应用场景多的、相对简单的知识点。知识点的数量不是最多的，但是学精学透，可以以一当十。

案例选取

针对同一个知识点，本书既会选取与生活息息相关的案例，也会选取天马行空的案例，是“魔幻现实主义”。这样既能让孩子了解编程原理在生活中的应用，也能启发孩子思考、激发孩子想象力，从而提高孩子的编程兴趣，提升学习效果。例如，讲解条件语句时我既会用到《哈尔的移动城堡》里任意门的案例，也会涉及自助售卖机的案例。

关注角度

除了让孩子能理解原理、读懂程序、编写程序，这套书也着力促进孩子观察与思考、拓展与迁移。讲解完知识要点及标准案例后，会启发孩子观察生活中应用新知识的地方，鼓励孩子去模拟和创造；也会在基本案例讲解完后启发孩子多思考、多改进、多优化现有的程序，以此达到学以致用的目的。

二、主要内容

这套书共四个分册：第一个分册是理论基础，其他三个分册是实践应用。三个应用方向分别为程序绘图、游戏设计、应用程序制作。学习第一个分册是学习其他三个分册的基础和前提。

《给孩子的极简 Python 编程书（基础篇）——编程与生活》

选取最常用和最易学的核心知识点，聚焦对 Python 编程基础知识的学习，让孩子真正学会。采用一些孩子在生活中常见的案例，也涉及一些充满想象力的虚构案例，让孩子产生浓厚的编程兴趣，能持续学习。同时也对编程知识背后的思想及生活中的应用场景进行拓展，引发孩子思考，学精学透、学以致用。

《给孩子的极简 Python 编程书（应用篇 1）——编程与绘图》

学习利用编程绘画。这个过程需要反复应用第一个分册中学到的基础知识，是夯实基础的过程。同时会学习绘图的相关代码知识，拓宽孩子的视野。除了讲解编程知识，也为孩子总结了程序绘画的基本要点和技巧，帮助孩子举一反三，实现自己创作。这个分册的内容也结合了很多数学知识，帮助孩子体会数学的魅力，提升跨学科应用的能力。

《给孩子的极简 Python 编程书（应用篇 2）——编程与游戏》

学习利用编程进行游戏设计。首先用最短的篇幅介绍了最核心、最必要的游戏设计的编程知识，然后由简到难地学习多个游戏案例。在练习与实践中进步。除了知识层面的讲解，还总结了游戏制作的通用模式，讲解设计游戏创新的简单方法，启发孩子思考，为孩子创作属于自己的游戏、发挥创意提供保障。

《给孩子的极简 Python 编程书（应用篇 3）——编程与应用》

在应用理论知识的基础上，学习带界面的、可用于学习和生活的应用程序的制作方法。这个分册教授孩子们最常用的核心知识点，总结制作带界面的应用程序的规律与技巧，按照由简到难的顺序进行设计，在实践中学习。关注创新方法的总结，让孩子举一反三。

三、使用方法

第一种方法：每个分册依次学习，先学第一个分册的基础知识，再任意选择应用方向：绘图、游戏、带界面的应用程序，三个应用方向没有先后顺序。

第二种方法：整套书穿插使用，第一个册的基础知识会与其他三个分册有对应关系，学到某个阶段的基础就可以跳到感兴趣的应用方向（选择部分应用方向或所有应用方向）进行深入学习。

写作是一件极其耗费心力的工作。我很庆幸妻子廖世容成为本书的共同作者，有近一半的案例及文字都是由她创作完成的。此生得此家庭中的好妻子、工作上的好伙伴，幸甚。

本书从构思到出版历时近一年半的时间，期间编辑王佳宇老师与我保持着高频次的讨论沟通，大到整套书的定位和结构，小到标点符号的正确使用。编辑真是一项伟大的、辛苦的工作。可以说王老师的付出让这套书的质量上了好几个台阶，感谢。

一石匠人

第一章　挑选一件趁手的兵器 —— Python　/1

第二章　控制计算机，训练你的机器人　/6

第三章　“记忆大师”的法宝 —— 变量　/10

第四章　让程序“听懂”你的心意 —— input　/18

第五章　谈判高手 —— 条件判断　/26

第六章　重复执行的秘密 —— for 循环语句　/35

第七章　计算机的看家本领 —— 三种运算　/43

第八章　储物百宝箱 —— 列表　/53

第九章　名副其实的“记忆大师” —— 字典　/61

第十章　制造惊喜的源泉 —— 随机数　/69

第十一章　时间管家 —— time 库　/75

第十二章　提效神器 —— 函数（一）　/81

第十三章　提效神器 —— 函数（二）　/89

第十四章　如何快速学习一门编程语言 ——
五个关键词　/95

第一章　挑选一件趁手的兵器 —— Python

你好，欢迎来到 Python 编程世界！学习编程就像进行一次探险旅程，你会收获很多惊喜。

出发之前我们要先找到一件趁手的兵器，就像孙悟空选中了金箍棒，我们也需要一件好用的编程工具 —— Python。Python 编辑器有两种选择：在线编辑器和本地编辑器。

1. 在线编辑器

我们在搜索引擎里输入“Python3 在线编辑器”，如图 1.1 所示，可能会出现很多结果，挑选一个你认为合适的就可以。Python 语言在 3.0 版本中变化很大，本书使用的是 3.0 版，所以我们一定要搜索 Python3。

图 1.1　搜索 Python3 在线编辑器

我们也可以选择在地址栏输入 https://c.runoob.com/compile/9/ 或者 https://www.nhooo.com/tool/python3/，输入网址后就可以直接进行编程了。

在线编辑器不用安装，连接网络后用浏览器就可以进行编程，但部分功能不完善，写较大项目时也不方便。初学者最开始可以先用在线编辑器，随着学习的深入再安装本地编辑器。

2. 本地编辑器

Python 的本地编辑器有很多种类，这里我们介绍一种最基础的 —— IDLE。先来介绍一下 Python 软件安装的详细步骤。如果你已经安装了开发工具，请忽略这部分内容。

我们可以通过登录网站 https://www.python.org/ 获得 Python 软件的安装包。本书使用的是 3.0 版，所以应该安装 3.0 及以上的版本。Python 软件安装比较容易，如图 1.2 所示，建议大家先下载最新的版本。

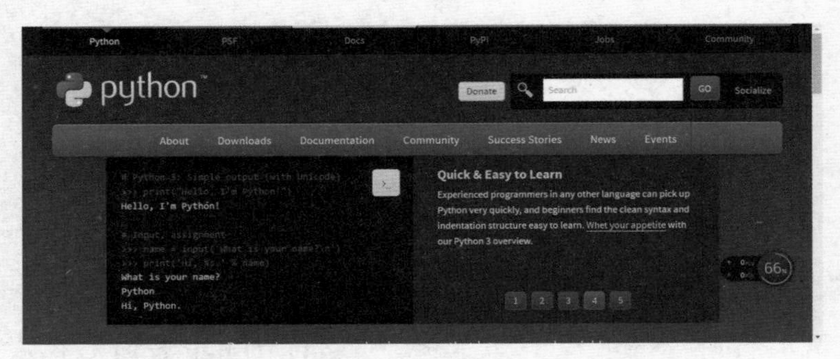

图 1.2　Python 软件下载界面

进入 Python 官网后选择 Downloads，挑选版本进行下载。例如，Python3.10.5 的下载链接位于 python.org/downloads/release/python-3105/。

我们需要根据自己的计算机进行相应的选择。如果我们使用的是 32 位 Windows 操作系统，需要下载 Windows x86 版本；如果我们使用的是 64 位 Windows 操作系统，需要下载 Windows x86-64 版本。同样，如果我们使用的是苹果计算机，也要根据使用的操作系统的版本，选择 32 位的 macOS 32-bit 版本或 64 位的 macOS 64-bit 版本。

下载好安装文件后，双击就出现了如图 1.3 所示的安装界面。我们可以看到两个安装选项：Install Now（默认安装）和 Customize installation（自定义安装），同时会发现界面最下方有两个复选框。

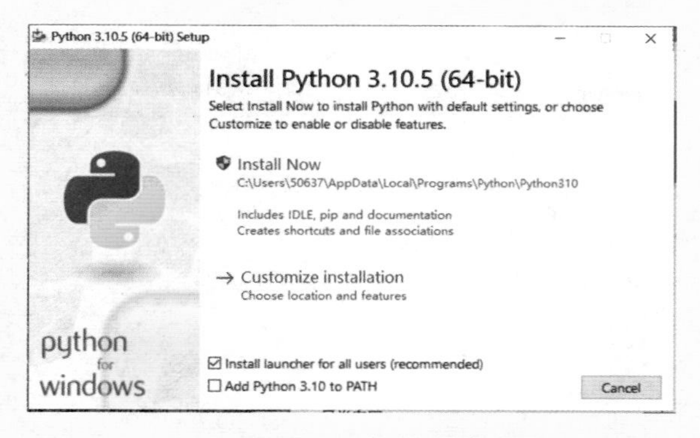

图 1.3 Python 软件安装界面

需要将界面最下方的两个复选框勾选，如图 1.4 所示。如果我们没有特殊要求或者还不清楚自己需要什么功能，可以直接点击“Install Now”继续安装。如果我们想选择安装的功能或改变安装的位置，需要选择“Customize installation”进行安装。

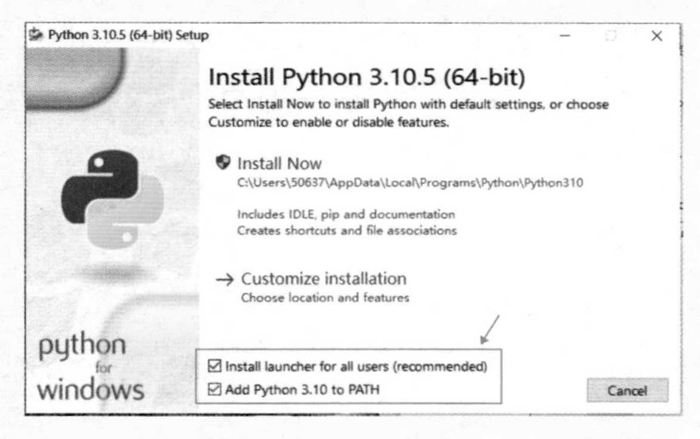

图 1.4 Python 软件安装界面勾选

之后就进入了安装过程界面，如图 1.5 所示，进度条可以反映安装的进度。

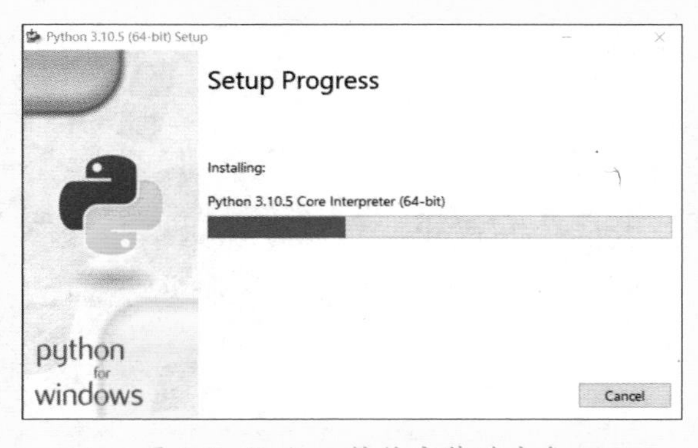

图 1.5 Python 软件安装进度条

安装完成后，会有一个安装成功的提示界面，如图 1.6 所示。

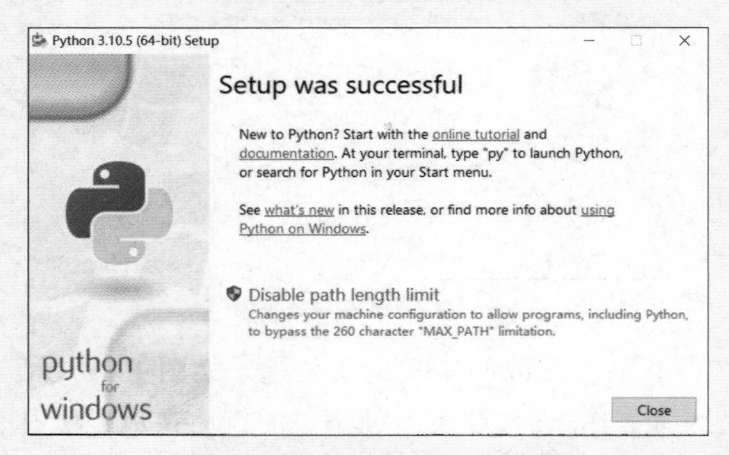

图 1.6　Python 软件安装成功提示

安装完毕，打开软件就进入了交互式（IDLE Shell）窗口。我们直接在“>>>”后输入程序，然后按下回车键，就可以在下一行看到运行结果。例如，我们输入 print("hello world") 语句后按下回车键，程序就会输出 hello world，如图 1.7 所示。

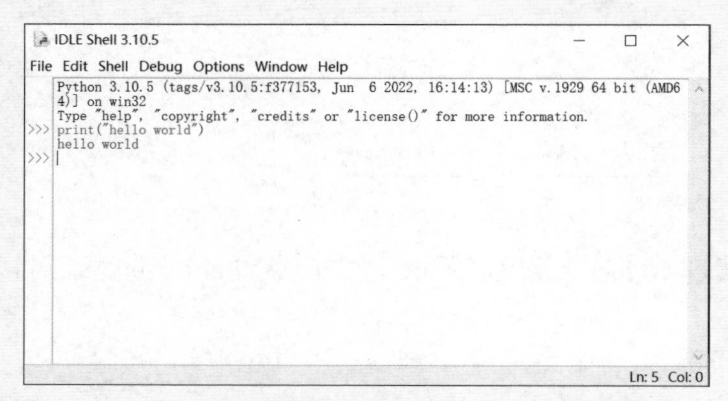

图 1.7　Python 软件交互式编程

上面这种交互式编程只能实现简单的应用，并且不能保存。如果我们想要编写更复杂一点儿的程序或想保存代码就需要用文件式编程。可以通过 File → New File 创建文件，再在文件中进行编程，如图 1.8 所示。

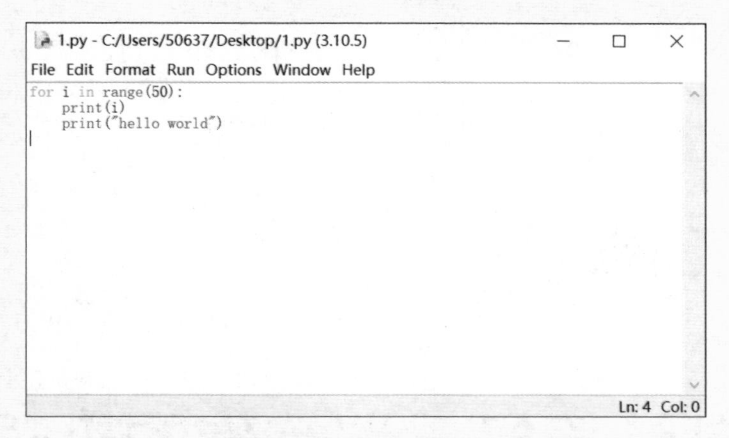

图 1.8　Python 软件文件式编程

在新建的文件中编写程序，完成后通过点击 Run → Run Module 或者直接按键盘上的 F5 键即可运行程序。

程序编写大多采用文件式编程的方式，本书中的案例也是按照这种方式编写的。

相信你已经有了趁手的兵器，下面要开启冒险之旅了，你准备好了吗？

| 第二章 |

控制计算机，训练你的机器人

重点知识

1. 掌握 print 语句
2. 了解字符串类型数据
3. 了解数字类型数据

有人可以通过敲击键盘来控制计算机或机器人。你想和他一样厉害吗？担心编程太难了？不用怕！复杂的事物都是由简单的事物组成的，就和高楼大厦也是用砖瓦水泥等简单的东西组成的一样。

这一章我们就开始学习控制计算机。先想象一下你有一位叫计算机的好朋友，你要通过编程来训练他。没你想象得那么难，一行简单的代码就可以实现。

先从让计算机“开口说话”开始吧！计算机没有嘴，但是可以通过屏幕把想说的话显示出来，这个过程叫作“输出”，单词是“print”，如图 2.1 所示。

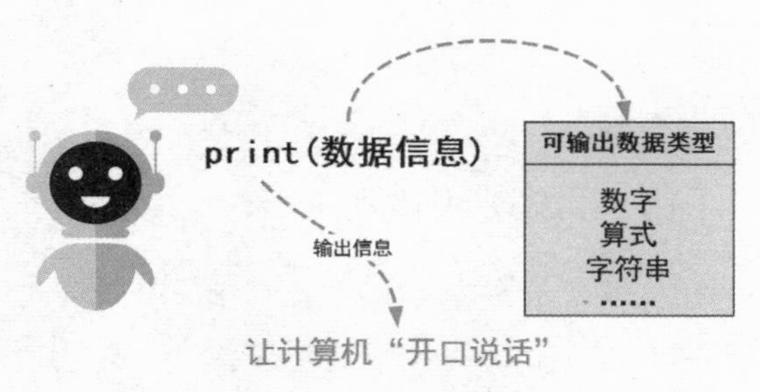

图 2.1　print 语句示意图

让计算机打印信息可以写成这样：

```
print(" 你好 ")
```

就这么简单吗？没错，通过上面这样一行代码就可以实现让计算机显示信息啦。但要特别注意下面几点：

1. 单词 print 中的字母都是小写的，不要出现拼写错误；

2. 括号要用英文格式的，中文格式的不行；

3. 括号中的引号也要用英文格式的，中文格式的不行。

掌握了上面几点，你就可以让计算机打印出任何你想让他“说”的话了。你可能会奇怪，为什么要带引号呢？这和语文课上用引号引出一个人说的话类似，也是代表计算机“说”的话。像这种带引号的话在 Python 中是一种数据类型 —— 字符串，意思是每个字是一个字符，把这些字符连成一串，并用英文格式的引号括起来，就像一根穿了很多珠子的绳子两边系上结一样。

在使用print语句的时候，可以根据需要选择使用一次或者多次，但需要记住，每次使用都要写成单独的一行才可以。

下面开始正式训练你的计算机！你想让他有什么功能呢？

让他嘴甜，会夸人！

```
print("才高八斗有内涵！")
```

哈哈哈，夸得不错，再多来几句吧！

```
print("游过山，玩过水，人人见了都喊美。")
print("又能说，又能干，传说中的男子汉。")
print("从东头到西头，朋友当中你最牛。")
```

让他才高八斗，能背诵唐诗！

```
print("千山鸟飞绝")
print("万径人踪灭")
print("孤舟蓑笠翁")
print("独钓寒江雪")
```

可不能让你的计算机光说空话，也不能让他偏科，只擅长语文学科。print语句也可以直接输出数字，如1，999，0.123，这些数字在Python中属于数字类型的数据。现在我们已经学习了两种数据类型，后面还会学习其他的数据类型。

```
print(1)
print(999)
print(0.123)
```

光会输出数字可不行，得让他计算，这样才配得上他的名字——计算机。怎么操作呢？还是用print语句来实现，直接把算式放在print后的括号里面就可以了。计算机可以计算很长的算式，而且速度超快，计算机这个名字名副其实！快来考考他！

```
print(1+1)
print(999-123*12/2)
```

注意哦！这时候算式两边不用加引号了，就像我们数学课上的算式也不加引号一样！同时算式后面不能加等号否则会报错。

你可能会想怎样能既显示算式又显示结果呢？可以借助刚刚学过的字符串呀！把算式两边加上双引号就相当于计算机说的话，计算机会原样输出的。

```
print("111+111=")
```

下面训练机器人的任务就交给你了。你想让你的机器人有哪些功能呢？让他讲笑话，说顺口溜，背诵圆周率……

这个输出功能在生活中有哪些应用呢？只要你认真观察，一定会发现很多地方都会用电子屏显示文字，其实这也是用了输出的功能。例如，如图 2.2 所示的电子秤、电子表、自助售票机、火车站或机场的显示屏等。

图 2.2 print 语句在生活中的应用场景

思考一下，生活中还有什么地方也应用到了 print 语句输出信息呢？

第三章

“记忆大师”的法宝 —— 变量

重点知识

1. 理解变量的概念和命名方法
2. 掌握变量的使用方法
3. 掌握 print 语句中设置多个参数的方法

假如让你记很多英语单词或唐诗，而且只让你看一遍，你能记住多少呢？除非你有过目不忘的本领，否则应该很难快速地记住所有内容吧！

但你知道吗？计算机是名副其实的“记忆大师”。计算机要处理很多数据，肯定需要记住很多内容，它是怎么做到的呢？这一章我们就来解密它的一个法宝 —— 变量。

3.1 变量

变量就像一个箱子，里面可以存储任何数据。使用变量需要两个步骤：一是给箱子贴标签，二是把数据放进去。这个过程称为对变量赋值，如图 3.1 所示。

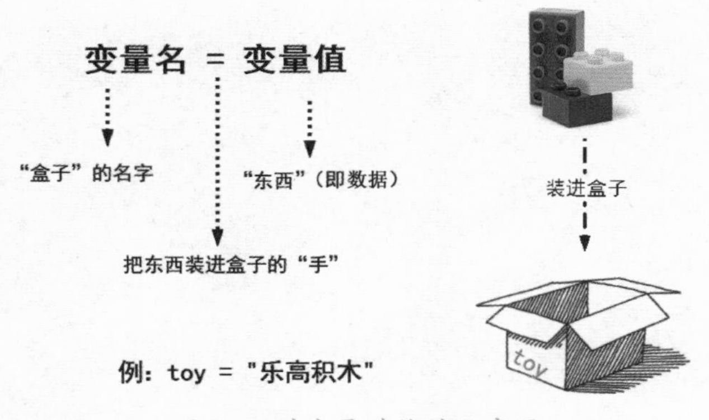

图 3.1 对变量赋值的示意图

```
box = "数据"
```

这和我们收拾房间很像，我们会准备几个箱子来装不同种类的物品，给每个箱子贴上标签或在箱子上写清装了什么，然后就按标签把不同种类的物品装进箱子里。每个箱子都相当于一个变量，箱子里装的物品就相当于存在变量里的数据。

怎么用程序表示这个过程呢？我们可以设置一个变量 toy 用来存储玩具，然后通过赋值符号（形式和等号一样）把乐高积木存进变量。

```
toy = "乐高积木"
```

你可能会疑惑，上面代码中变量存储的信息都带引号，是我们前面学习的字符串类型的数据。同样变量也能存储数字类型的数据。例如，下面的代码中我们用变量存储了年龄、身高、圆周率、账户余额等。

```
age = 10
height = 1.51
num = 3.1415926
money = 99999999
```

3.2 变量的命名规则

给变量命名和给新出生的小宝宝起名字是一样的，需要遵循一定的规则。在前面的代码中我们一般用英语单词作为变量名，一定需要这样吗？不是的。变量名只要满足下面四个要求就可以了：

1. 可以使用字母 (a ~ z/A ~ Z)、数字、下画线的组合，但是不能以数字开头；

2. 不能是 Python 中的关键字或保留字，例如，我们不能用 print 当作变量名；

3. 不能包含空格；

4. 最好做到见名知意，例如，我们看到 book 这个变量名就知道存储的是图书。

我知道你心里一定在偷偷地想，是否可以用汉语拼音做变量名，如 wanju、tushu、xingming 等。是可以的，程序会正常运行，它们满足上面的四个要求。但用英语单词会更好一些，因为当外国小朋友看你的代码或你们要合作一起写代码时，对他来说看汉语拼音可不能做到见名知意呀！

3.3　变量的使用

通过前面的学习，我们知道了变量的作用，也学会了给变量赋值。当我们想使用存储在变量里的数据时，应该怎么办呢？就和我们学会了将物品放进带标签的箱子，想用物品的时候一样，我们该怎么办呢？答案很简单：通过变量名直接用。我们之前怎么用数据，这里就怎么用变量。

例如，我们以前会直接输出信息，现在也可以把信息存入变量，然后直接输出变量名。

```
toy = "乐高积木"
print(toy)
```

我们会让数字进行计算，变量能做到吗？当然，看下面代码！

```
num1 = 100
num2 = 99
print(num1+num2)
```

上面程序输出的结果为 199。我们也可以先把计算结果存入一个新的变量，再通过 print 语句输出这个新变量。

```
num1 = 100
num2 = 99
num3 = num1+num2
print(num3)
```

你可能开始怀疑了，不是“记忆大师”吗，前面这几个简单的数据，我不用变量也能记住。其实在数据数量少或单个数据小的时候，确实显示不出变量的优势，但是，当有很多数据或数据很大的时候，变量的作用就不容小觑了。

```
num=3141592653589793238462643383279502884197169399375105820974944592307
print(num)
```

3.4 帽子戏法 —— 变量的重新赋值

你可能还有疑问，在一段代码中同一个变量名只能赋值一次吗？当然不是。就像我们在收拾房间时，一个盒子是可以反复使用的，变量也可以存入新的数据，这个过程叫作变量的重新赋值。就像帽子戏法，一开始帽子里有一个苹果，后来变成了兔子，后来变成了鱼缸，后来变成了 100 元钱。

```
hat = "苹果"
hat = "兔子"
```

```
hat = "鱼缸"
hat = "100元"
print(hat)
```

尝试着运行上面的代码，会输出什么结果呢？没错，输出的结果是100元。每次重新赋值，变量会自动删除之前存储的结果，变量里存储的一定是最后一次赋值的结果。上面的帽子戏法变一百次、一千次、一万次也难不倒计算机，因为变量让它变成了真正的记忆大师。

3.5 print语句的新技能

你可能在想，要是能通过print语句让计算机把话说完整就好了。例如，在前面的例子中，帽子里有兔子，通过print语句只能输出兔子，感觉结果冷冰冰的。如果它能输出“帽子里有兔子”就好了。能实现吗？当然能！print语句是个深藏不露的高手，它有很多技能，接下来我们会慢慢揭秘。

先来完成这一节的难题 —— 把话说完整。print语句本身是个函数，括号里填写的数据叫作参数。先不要被函数、参数这些名词吓到，这些知识我们后面都会学到，这里先记住就好啦！在前面的内容中，我们只使用了一个参数，其实print语句是可以同时使用多个参数的，多个参数都放在print语句后面的括号里，中间用英文格式的逗号隔开就可以了。

```
hat = "苹果"
print("帽子里有",hat)
```

通过上面的案例，我们发现这些参数可以是数据，也可以是存储数据的变量。使用多个参数的时候，可以混合使用数据和变量。

下面我们就用print做一个三头六臂的哪吒吧！

```
print("我是哪吒")
arms1 = "乾坤圈"
arms2 = "混天绫"
arms3 = "风火轮"
arms4 = "火尖枪"
arms5 = "金砖"
print("我有五件法宝:", arms1, arms2, arms3, arms4, arms5)
print("变身！头的数量", 3, "手臂的数量", 6)
```

其实编程的很多思想都来源于生活。你如果认真思考，就一定能发现很多秘密。变量的本质就是存储数据的容器。生活中是不是也有很多存放东西或信息的容器呢？如图3.2所示，除了我们前面提到的收拾房间用的箱子，还有储存食物的瓶瓶罐罐、加油站的不同型号的汽油罐、分类垃圾桶、门牌……

你来想一想如果上面提到的例子是变量，那存储的数据又是什么呢？你也来想一想生活中哪里还有变量的具体应用呢？

图 3.2 生活中的容器

第四章

让程序“听懂”你的心意——input

重点知识

1. 掌握 input 语句
2. 掌握 int 数据类型转化的方法
3. 掌握字符串拼接的方法

前面我们已经学习了很厉害的编程知识，但都是让计算机向我们展示信息，是输出。这样的程序就像一个特别爱唠叨而且不愿听你讲话的人，我们一点儿也不喜欢和这样的人交朋友。

这一章我们就来学习怎样让计算机“听懂”你的心意，做一些能够与你互动的程序。就像聊天一样，你说了你的要求，计算机给你回应。下面我们就来学习输入函数 ——input。

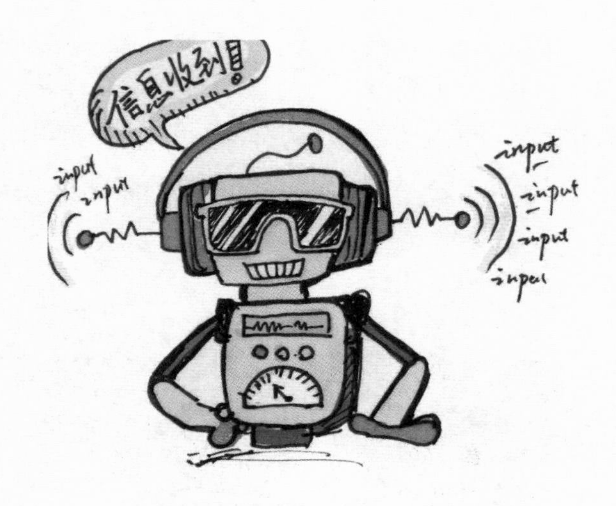

4.1 input

input 的意思是输入，本质上是把信息传递给计算机，如图 4.1 所示。

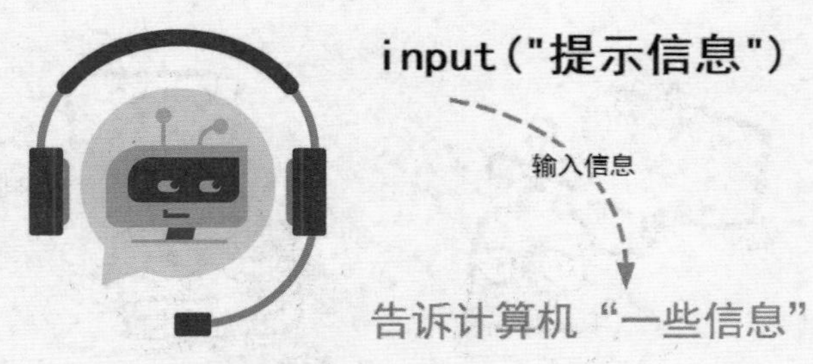

图 4.1　input 语句示意图

在使用 input 时，一般直接赋值给变量，这样就能让计算机记住输入的信息啦。

```
n = input()
```

4.2　尬聊"神器"——与 print 语句结合

下面我们就尝试着和计算机聊天，做个尬聊"神器"。我们和计算机说话的时候用 input，称为"输入"，计算机回应我们的时候用 print，称为"输出"。你知道吗，输入、输出是 Python 程序中最常用的两条语句，专业的程序员也会经常用到。

我们的尬聊"神器"程序代码如下，这次是计算机先开口说话的。

```
print(" 你叫什么名字？ ")
name = input()
```

```
print(" 你好，真羡慕你有自己的名字，帮我起一个吧！ ")
name2 = input()
print(" 我喜欢这个名字 ")
```

运行结果如图 4.2 所示。

```
你叫什么名字?
光头强
你好，真羡慕你有自己的名字，帮我起一个吧!
呆呆小程序
我喜欢这个名字
```

图 4.2　尬聊“神器”程序的运行结果

从上面程序运行的结果看，计算机好像没有用心听我们讲话。像不像相互不喜欢的朋友间的尬聊？有什么办法能够优化这个程序呢？看下面！

```
print(" 你叫什么名字？ ")
name = input()
print(" 你好 ", name, " 真羡慕你有自己的名字,帮我起一个吧！ ")
name2 = input()
print(" 我喜欢这个名字 :", name2)
```

从上面的程序中你看到了绝招 —— 变量。用变量存储我们输入的内容，再把变量作为 print 语句的参数，这样的聊天就没有那么尴尬了。运行程序，结果如图 4.3 所示。

```
你叫什么名字?
光头强
你好 光头强 真羡慕你有自己的名字，帮我起一个吧!
聪聪小程序
我喜欢这个名字: 聪聪小程序
```

图 4.3　改进后的程序的运行结果

4.3　“记忆大师”升级版 —— 加提示

下面我们来升级一下前面的“记忆大师”程序。我们不给计算机准备的时间，通过 input 输入信息，让计算机立刻记住并输出。

```
name = input()
word = input()
print("世界上最长的名字：", name, "世界上最长的单词：", word)
```

这个程序我们自己运行时还可以，但是当我们向朋友炫耀后，朋友输入信息，运行结果如图 4.4 所示。

```
填啥
怎么填
世界上最长的名字： 填啥 世界上最长的单词： 怎么填
```

图 4.4 “记忆大师”升级版程序的运行结果 1

我们的 input 语句少了一些提示。能加点儿提示吗？没问题呀！而且非常简单，我们只需要把提示以字符串的形式放在 input 后面的括号里就可以了，就像下面这样。

```
name = input("请输入你的名字：")
```

当运行程序的时候，这个提示就会出现在我们输入信息的地方，如图 4.5 所示。

```
请输入你的名字：光头强
```

图 4.5 程序中给输入信息加提示

有了提示后，我们再来升级“记忆大师”程序吧！再让我们的朋友操作这个程序，我们肯定不会出丑啦。

```
name = input("请输入很长很长的名字：")
word = input("请输入很长很长的单词：")
print("世界上最长的名字：", name, "世界上最长的单词：", word)
```

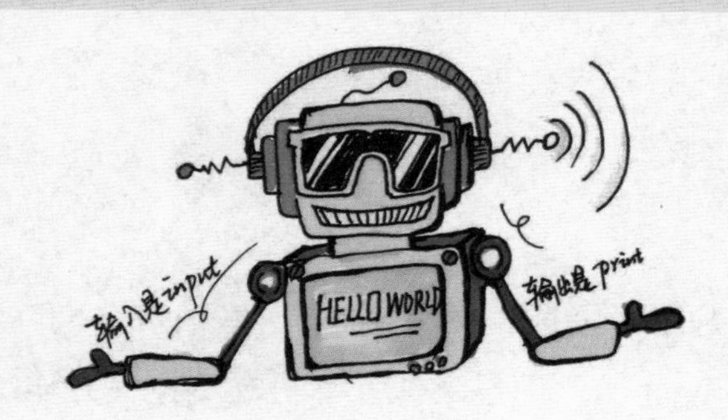

决心考考这个“记忆大师”，输入世界上最长的名字和世界上最长的单词，看它能不能记住。世界上最长的名字是巴勃罗·迭戈·何塞·弗朗西斯科·狄·保拉·胡安·纳波穆西诺·玛莉亚·狄·洛斯·雷梅迪奥斯·西普里亚诺·狄·拉·圣地西玛·特里尼达·路易斯·毕加索。世界上最长的单词是 babababadalgharaghtakamminarronnkonnbronntonnerronntuonn– thunntrovarrhounawnskawntoohoohoordenenthurnuk。

如图 4.6 所示，从运行结果看，“记忆大师”经受住了考验。

```
请输入很长很长的名字：巴勃罗•迭戈•何塞•弗朗西斯科•狄•保拉•胡安•纳波穆西诺•玛莉亚•狄•洛斯•雷梅迪奥斯•西普里亚诺•狄•拉•圣地西玛•特里尼达•路易斯•毕加索

请输入很长很长的单词：bababadalgharaghtakamminarronnkonnbronntonnerronntuonn- thunntrovarrhounawnskawntoohoohoordenenthurnuk
世界上最长的名字： 巴勃罗•迭戈•何塞•弗朗西斯科•狄•保拉•胡安•纳波穆西诺•玛莉亚•狄•洛斯•雷梅迪奥斯•西普里亚诺•狄•拉•圣地西玛•特里尼达•路易斯•毕加索 世
界上最长的单词： bababadalgharaghtakamminarronnkonnbronntonnerronntuonn- thunntrovarrhounawnskawntoohoohoordenenthurnuk
```

图 4.6 “记忆大师”升级版程序的运行结果 2

4.4　应用案例：自动写信程序

我们制作一个自动写信的程序吧！听起来很高级，很复杂，但其实用的都是我们刚刚学过的知识。

```
name = input("朋友名字：")
mood = input("心情：")
words = input("想说的话：")
want = input("期待：")
bless = input("祝福：")
print("你好！", name, "好久不见。最近我的心情很",mood,"。",
```

```
words, "希望你", bless)
```

运行程序，在提示下输入对应的信息，就可以形成一封信啦。我给熊大写了一封信。运行结果如图 4.7 所示。

```
朋友名字：熊大
心情：开心
想说的话：好久没去森林里玩了
期待：经常写信给我
祝福：天天开心
你好！ 熊大 好久不见。最近我的心情很开心。好久没去森林里玩了 希望你 天天开心
```

图 4.7　自动写信程序的运行结果

快来试一试，给朋友、同学或家人写封信吧。你也可以修改输入信息或提示哦！

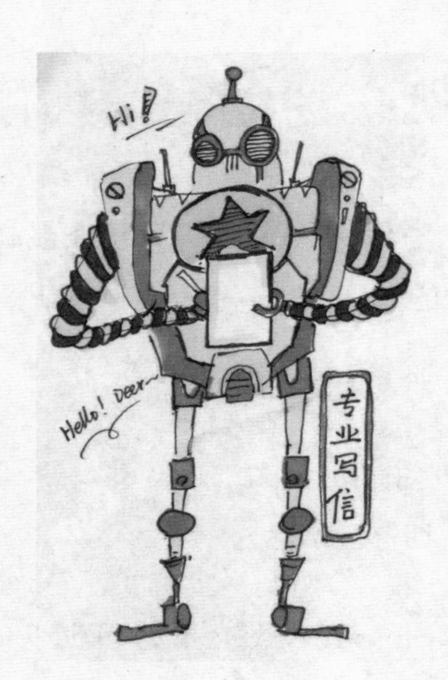

input 语句的本质是向计算机输入信息。其实在我们的日常生活中有很多 input 语句应用的例子。例如，填写网上订单、注册账号信息、调研问卷或登录社交软件等。开动脑筋想一想，还有哪些地方用到了 input 呢?

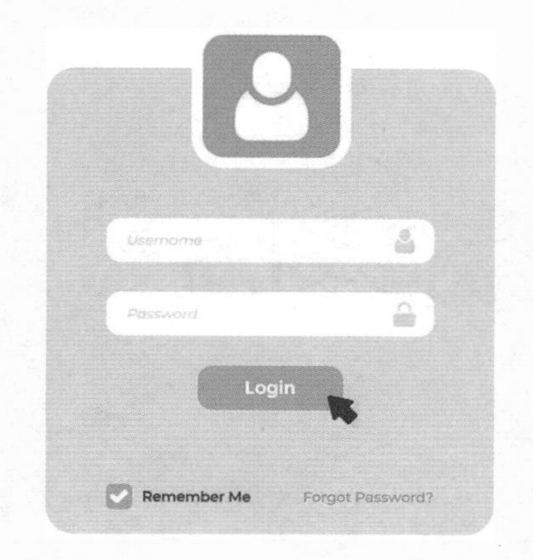

图 4.8　input 语句在生活中的应用场景

第五章

谈判高手 —— 条件判断

重点知识

1. 理解 if 条件语句的使用场景
2. 掌握单分支、双分支、多分支语句的使用方法

会谈条件的人是聪明、厉害的人。如果有人和你说计算机也会跟人类谈条件，你信吗？这可不是科幻电影里的情节，学会了这一章的条件判断语句就可以轻松实现了。当然，你不用担心计算机会变得咄咄逼人，我们只是让计算机能够判断是否满足了条件以及满足条件后该执行什么动作。一切都在我们的掌控中，接下来开始这一章的探险之旅吧！

5.1 单分支结构

条件判断的本质是让程序判断满足条件时执行特定的动作。我们一般要怎么去和别人讲条件呢？是用“如果……就……”吗？这句话的关键词是“如果”和“就”。在程序中也非常类似，用if关键字代表“如果”，用冒号和换行代表“就”，如图5.1所示。

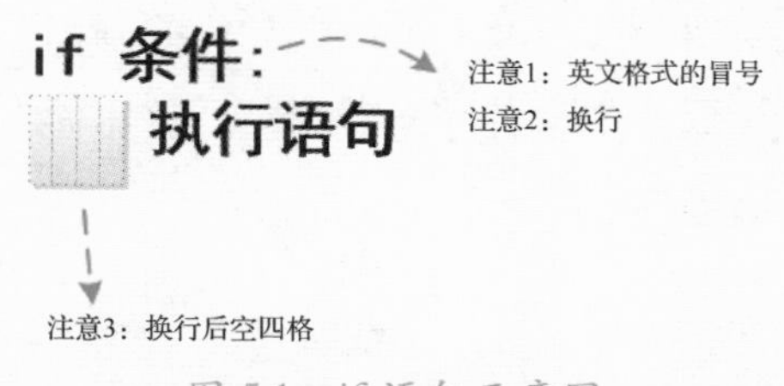

图 5.1 if语句示意图

我们写一个判断幸运的人的条件语句。例如，当变量luck为1时，就是幸运的人，代码如下。

```
luck = 1
if luck == 1:
    print("你中了500万！ ")
```

我们发现在Python编程中会把条件放在if后面，紧接着是英文格式的冒号，换行，缩进四个空格（也可以按一下Tab键代替）后再写满足条件后的特定动作 —— 输出中奖信息。

这里有几个容易出错的点，一定要注意呀！冒号要用英文格式的，冒号后面要换行，下一行的缩进用四个空格或按一下Tab键完成。如果满足条件要执行多个语句，这多个语句都要有同样的缩进，但注意当同一段代码有多处缩进时，四个空格和Tab键不要混用，否则容易出错。最后说明一下，判断两个值是否相等要用双等号（==），这和数学中不一样。在编程中，一个等号代表赋值，把一个值存到变量里，如上面例子中的 lucky = 1。两个等号用来判断是否相等。

刚开始接触条件判断语句，你可能不习惯，但这个语句真的不难。把上面的例子学明白就已经掌握了条件判断语句的精华。而且条件判断语句太重要了，几乎每个智能的程序都会用到。你很快就能感受到它的作用了。

if 语句只判断是否满足一种情况，我们称为单分支结构。聪明的你一定想到了肯定还有双分支结构、多分支结构吧！猜得没错，但不要着急，单分支结构是基础，学好了单分支结构，其他的很容易学。

回忆一下，爸爸妈妈是不是和你谈过很多条件，例如，你想要新的计算机，爸爸妈妈会说如果你考了 100 分，就奖励你一个新的计算机。用程序怎么表示呢？代码如下。

```
score = 100
if score == 100:
    print("奖励你一个新的计算机")
```

你有过和同学交换奥特曼卡片的经历吗？假如你就想要银河奥特曼卡，但是你有一张多余的欧布奥特曼卡，怎么用程序表示呢？你的同学可能会拿各种各样的卡片来和你交换，但你已下定决心，只要银河奥特曼卡。我们可以用 input 语句获得同学的卡片名称并存到变量 card 里，再进行条件判断，代码如下。

```
card = input("请输入你给我的奥特曼卡片：")
if card == "银河奥特曼卡":
    print("我给你欧布奥特曼卡")
```

现在我们想升级奥特曼卡片交换程序，你有三张奥特曼卡片，要换特定的三张奥特曼卡片，而且要一一对应。你可能会有疑问，这需要判断三次呀！刚刚不是说单分支结构只能判断是否满足一种情况吗？没错，但我们可以通过多次使用单分支结构实现多种情况的判断。

```
card = input("请输入你给我的奥特曼卡片：")
if card == "银河奥特曼卡":
    print("我给你欧布奥特曼卡")
if card == "艾克斯奥特曼卡":
    print("我给你维克特利奥特曼卡")
if card == "赛罗奥特曼卡":
    print("我给你布鲁奥特曼卡")
```

用同样的逻辑，我们可以写一个模拟自助售卖机的程序，代码如下。

```
good = input("请输入购买的商品名称：")
if good == "可乐":
    print("叮咚！给你可乐！ ")
if good == "雪碧":
    print("叮咚！给你雪碧！ ")
if good == "矿泉水":
    print("叮咚！给你矿泉水！ ")
```

5.2 双分支结构

我们已经知道单分支结构可以判断是否满足一种情况并执行对应语句。那双分支结构自然是用来判断两种情况的。可以简单理解成“如果……否则……”，如果满足第一种情况会发生什么，否则满足第二种情况会发生什么。if 和 else 组成的几行代码是一个整体，称为“双分支结构”，如图 5.2 所示。

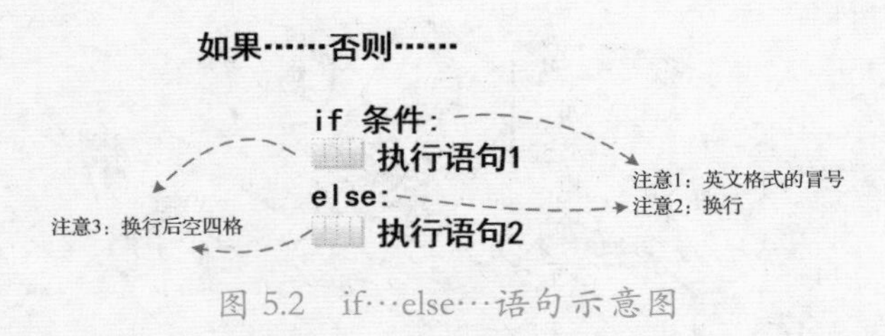

图 5.2 if…else…语句示意图

例如，我们升级判断幸运的人的程序，以前当 luck 为 1 时，会输出信息，其他情况没反应。选择使用双分支结构就不一样了，无论 luck 是否等于 1，都会输出信息，代码如下。

```
luck = 1
if luck == 1:
    print("你中了 500 万！")
else:
    print("努力做好该做的事，好运会眷顾你的！")
```

这里要注意 else 后面要加英文格式的冒号，也要换行并缩进才能写执行语句。因为 else 本身也是一种情况即满足一种条件，所以与前面的 if 语句的格式一样。

看到老师批改作业太辛苦啦，想帮老师减轻负担，下面一起写一个自动判题机器的程序吧！代码如下。

```
score = 59
if score > 60:
```

```
    print(" 及格 ")
else:
    print(" 没有及格 ")
```

5.3 多分支结构

判断一种情况用单分支结构，同时判断两种情况用双分支结构，那同时判断三种或三种以上的情况用什么呢？当然是用多分支结构！方法也很简单，在前面学习的 if 语句和 else 语句之间加入 elif 语句，有几种情况就在中间增加几个 elif 语句，数量不限。

elif 后面跟上对应的条件，结尾也是英文格式的冒号，换行并缩进，跟 if 语句和 else 语句的格式一致。if…elif…else 是一个整体，称为“多分支结构”，如图 5.3 所示。

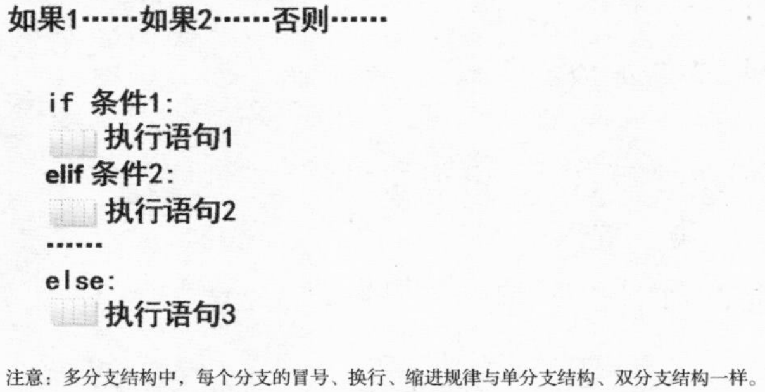

如果1……如果2……否则……

```
if 条件1:
    执行语句1
elif 条件2:
    执行语句2
……
else:
    执行语句3
```

注意：多分支结构中，每个分支的冒号、换行、缩进规律与单分支结构、双分支结构一样。

图 5.3 if…elif…else 语句示意图

例如，我们一起来写打怪兽的程序，存在三种情况：你的能量大于怪兽、你的能量小于怪兽、你的能量等于怪兽，程序应该怎么写呢？代码如下。

```
you = 100
enemy = 60
if you > enemy:
```

```
        print("打怪兽！")
    elif you < enemy:
        print("快逃跑！")
    else:
        print("打打看，打得过打，打不过跑！")
```

再来写跳绳智能评委的程序，可以叫作《跳绳夸夸机》，根据跳绳个数给出对应的评价，代码如下。

```
n = input("你连续跳绳，跳了：")
n = int(n)
if n < 10:
    print("你是初级选手，还要再练练呀！")
elif n < 50:
    print("中等水平，继续加油！")
elif n < 100:
    print("高手！名副其实的高手！")
else:
    print("天生的运动员！膜拜一下！")
```

5.4 更多案例

学会了条件语句，你的编程水平肯定上了好几个台阶啦！但是编程只是一种工具，如何用这些工具做出与众不同的作品呢？要开动脑筋，展开想象力，勤奋地观察和思考。就像很多人都有画笔，但不是每个人都能画出优美的图案。

下面再举几个例子来启发你的思考。记住学习编程的关键是动手去写代码。只看书或只听课是学不会的。

下面是私人定制礼物的程序。这个程序可以为几个人量身定制礼物，只要输入名字就能得到对应的礼物信息，代码如下。

```
name = input("请输入你的名字:")
if name == "光头强":
    print("漫画书")
elif name == "熊大":
    print("拖拉机")
elif name == "熊二":
    print("奥特曼卡片")
else:
    print("没有你的惊喜哦！")
```

你看过《哈尔的移动城堡》吗？影片中有一扇任意门，旋钮指向不同的颜色，推开门就会进入不同的世界。今天我们也用程序做一扇任意门吧！代码如下。

```
color = input("请输入颜色：")
if color == "red":
    print("此门通往玫瑰花园。")
elif color == "blue":
    print("此门通往海底隧道。")
elif color == "yellow":
    print("此门通往撒哈拉大沙漠。")
elif color == "green":
    print("此门通往原始森林。")
```

其实生活场景中充满了条件判断，除了前面提到的日常交流时所说的话，也体现在我们身边的各种家用电器、机器、设备中。

如图 5.4 所示，条件判断在空调和无人驾驶汽车中都有应用。当空调运行，温度是多少时空调吹强风？温度是多少时空调吹弱风？温度是多少时空调不工作？再如无人驾驶汽车什么时候加速？什么时候减速？什么时候停车？什么时候转弯？这些都是通过条件判断实现的。

你只要善于观察、思考，就会发现条件语句的其他应用场景。

你能把刚刚提到的生活案例用程序模拟出来吗？你能发现生活中的条件判断应用案例并用程序模拟出来吗？

图 5.4　条件判断在生活中的应用场景

第六章

重复执行的秘密——for循环语句

重点知识

1. 掌握 for 循环语句的用法
2. 熟悉循环变量的用法
3. 学习 for 循环语句与 if 语句的嵌套使用

你有过抄写很多遍课文或单词的经历吗？嘿嘿！当时一定不开心吧！我们每个人都不喜欢做重复的事情。孩子不喜欢重复，大人也不喜欢重复。在老电影《摩登时代》中，主角每天的工作就是在工厂里拧螺丝，一直重复着拧螺丝，后来他把一切东西都看成螺丝，最后进了医院。

我们人类不喜欢重复，但计算机特别擅长做重复的工作！而且每次重复，计算机都一丝不苟，非常认真。计算机要如何实现重复工作呢？这就是我们这一章要学习的循环语句。

6.1 简单重复 —— 夸我一万遍

先来一个简单的考验，让计算机夸我们一万遍吧！如果让人来做这件事，肯定会疯掉吧，但是，这对于计算机来说超级简单，代码如下。

```
for i in range(10000):
    print("聪明如你！ ")
```

我们可以发现，在上面的程序中“10000”这个数字放在了 range 后面的括号里，这就是设置循环次数的地方。只要涉及重复操作，我们都可以考虑 for 循环语句。把代表循环次数的数字放在 for i in range 后面的括号里，如图 6.1 所示。

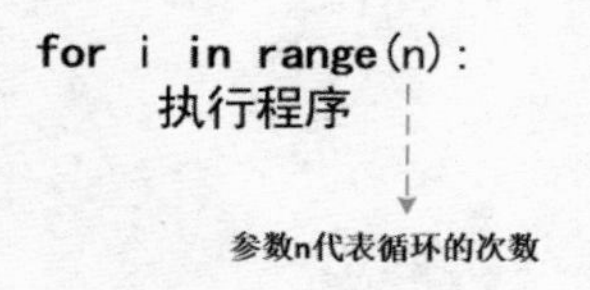

图 6.1 for 循环语句示意图

同时注意，以英文格式的冒号结尾，换行缩进后再写执行语句。这一点是不是似曾相识？没错！条件语句也是这种格式。后面你会发现还有很多其他知识点也采用了同样的格式，你可以用“冒号、换行和缩进”的顺口溜来记忆。

接着我们考验一下计算机，看看它是不是真的有耐心、不出错，千万遍也不嫌烦。我们让计算机背诵 100 遍古诗！代码如下。

```
for i in range(100):
    print("前不见古人")
    print("后不见来者")
    print("念天地之悠悠")
    print("独怆然而涕下")
```

我们让它讲熟悉的故事《从前有座山》，代码如下。

```
for i in range(100):
    print("从前有座山，")
    print("山里有座庙，")
    print("庙里有个和尚讲故事。")
    print("讲得什么呀？")
```

6.2　循环变量从 -1 加到 100

如果你认为 for 循环语句只能做简单重复的事情，那就太小看它了。你关注到“for i in range()”里的“i”了吗？它叫循环变量，下面我们就来揭开它的秘密。

我们先来输出 i，看看是什么效果。

```
for i in range(10):
    print(i)
```

程序的输出结果是 0 ~ 9。我们把循环次数改为 100，再运行程序，程序的输出结果是 0 ~ 99。发现规律了吗？循环过程中，i 是能够变化的。假如循环次数为 n，循环变量从 0 开始，每次加 1，最后一次输出为 n-1。

发现了这个规律，我们把循环变量 i 利用起来吧！先让计算机报数，代码如下。

```
for i in range(100):
    print(" 我是 ",i," 号 ")
```

确实从 0 ~ 99 报数了，但我们一般从 1 开始，怎么办？输出的结果设为 i+1 就可以了，代码如下。

```
for i in range(100):
    print(" 我是 ",i+1," 号 ")
```

你还记得数学家高斯小时候发现从 1 加到 100 的简便算法的故事吗？对于计算机来说，不需要技巧，它最擅长的事情就是快速计算。我们尝试着让计算机计算从 1 依次加到 100，代码如下。

```
num = 0
for i in range(101):
    num = num+i
print(num)
```

为了保证最后一个加数是 100，循环次数设置成了 101。

6.3 升级夸夸机，夸人不重样——for 循环语句嵌套 if 条件语句

在 6.1 节的夸人程序中每次的输出结果都一样，太单调了。我们来升级一下程序吧！这就用到了循环语句，也用到了上一章的条件语句。根据循环变量 i 的值不同，我们让程序变化输出的语句，一起来看代码吧！

```
for i in range(3):
    if i == 0:
```

```
        print(" 智慧与颜值并存 ")
    elif i == 1:
        print(" 光之使者，未来希望 ")
    elif i == 2:
        print(" 英气逼人，前途无量 ")
```

上面这段代码是目前为止我们学习的逻辑最复杂的程序了。如果你能看懂并理解，那么恭喜你，你的编程学习很顺利，要继续加油啊！

上面这段代码最大的难点是缩进。如图 6.2 所示，我们发现有的语句前空了四个空格，有的前面空了八个空格，怎么理解呢？其实很简单，我们把多分支结构语句看作一个整体，按照它自身的缩进原则不变。但是它作为一个整体放在了 for 循环语句的下面，所以整体再缩进四个空格。这样理解起来是不是就容易多了？

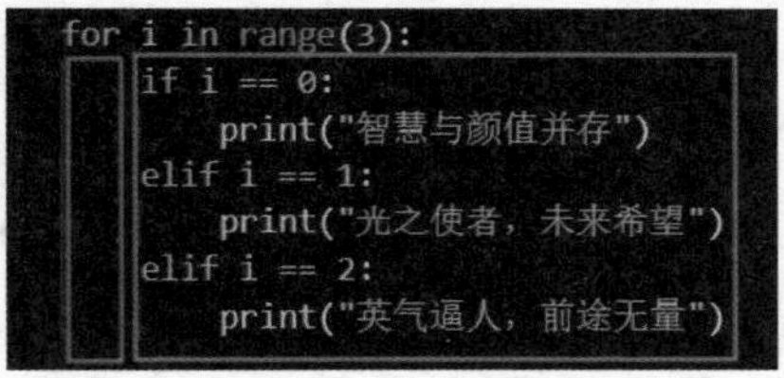

图 6.2　语句缩进的表示

掌握了上面的规律，我们再拓展一下。我们只要改一下 print 语句里的内容就能做出很多新的程序，例如，我们可以写一个猜谜语的程序，代码如下。

```
for i in range(3):
    if i == 0:
        print(" 红嘴绿鹦哥，吃了营养多 ")
    elif i == 1:
        print(" 白胖娃娃泥里卧，腰身细细心眼多 ")
    elif i == 2:
        print(" 千只脚，万只脚，站不住，靠墙角 ")
```

同样的道理，也可以把程序改为讲故事、说笑话、说脑筋急转弯、说歇后语、做数学题等各种程序，赶快动手改造一下我们的代码吧！

6.4 应用案例 1 —— 用 for 循环语句限定机会次数

我们可以用 for 循环语句限定机会次数。例如，我们让别人猜我们的想法，我们不会让对方猜很多次，就给三次机会吧！代码如下。

```
for i in range(3):
    answer = input("猜猜我现在想的是什么水果：")
    if answer == "西瓜":
        print("回答正确，你最懂我")
    else:
        print("回答错误，你再想想")
```

你也可以把上面的程序改造成猜谜语或猜数字的程序，也只给有限次机会。如果题目太难了，可以把循环次数设置得多一些哦！

6.5 应用案例 2 —— 洗衣机的程序

在常见的家用电器中也经常用到循环语句，如洗衣机。洗衣机洗

衣服和甩干的过程是需要连续重复地转动滚筒的，其实这就是循环语句的应用，代码如下。

```
print("放衣服，加水和洗衣液，准备洗衣服")
for i in range(50):
    print("滚筒慢速，顺时针转圈，洗衣服")
    print("滚筒慢速，逆时针转圈，洗衣服")
for i in range(100):
    print("滚筒快速转圈，甩干")
for i in range(50):
    print("滚筒慢速，顺时针转圈，洗衣服")
    print("滚筒慢速，逆时针转圈，洗衣服")
for i in range(100):
    print("滚筒快速转圈，甩干")
print("洗衣完毕！")
```

还有哪些家用电器用到了循环的思想呢？快找出来并尝试写出程序吧！

除了家用电器用到了循环的思想，如图 6.3 所示，循环播放歌曲、电梯里广告屏幕中的轮播广告、只给三次机会输入验证码等也都用到了循环思想。善于观察、勤于思考会让编程学习更有趣哦！

图 6.3　循环思想在生活中的应用场景

第七章

计算机的看家本领 —— 三种运算

重点知识

1. 掌握算术运算、比较运算的用法
2. 熟悉逻辑运算且、或、非的用法

你有没有想过为什么计算机被称为计算机？因为它最擅长的事情就是计算，又快又准，不出错！我们人类很聪明，能提出各种好想法，但是计算的速度很慢；计算机正好相反，它很“笨”，只能按照我们的指令去工作，但是计算速度很快。所以我们经常把计算机当作好朋友，相互合作，发挥各自的优势。下面我们开始探索计算机的三种运算吧！

7.1 第一种运算：算术运算

算术运算就是我们在数学课上常见的加、减、乘、除运算。计算机能够计算很复杂的算式，而且速度快！但是让计算机计算的前提是我们要给计算机明确的指令。值得我们注意的是编程中的计算符号和数学中的符号的写法不完全一致，如表 7.1 所示。

表 7.1　算术运算符号在编程与数学中的比较

计算操作	数学的表示方法	编程的表示方法	编程举例
加法运算	+	+	1+1，结果为 2
减法运算	−	−	2−1，结果为 1
乘法运算	×	*	2*2，结果为 4
除法运算	÷	/	1/2，结果为 0.5
乘方运算	n^x	**	2**3，结果为 8
求余运算		%	10%3，结果为 1
取整（取结果中的整数部分）		//	10//3，结果为 3

下面我们来写一个熊大当老板的程序。熊大成立绿化公司，工人每种一棵树就能得到 10 元的工资，每种一棵草就能得到 0.2 元的工资。但是熊大的数学学得不好，我们来帮帮他吧！代码如下。

```
tree = 10
grass = 200
money = tree*10 + grass*0.2
print(money)
```

工人们想知道自己的工资中种树和种草赚的钱所占的比例分别是多少。我们在前面的程序后面再补充下面三行代码就可以了。

```
n1 = tree*10/money
n2 = grass*0.2/money
print(n1, n2)
```

熊大的绿化公司运营了一段时间，发现树和草的成活率比较低，于是出了一项新规定：种树、种草先发工资的 60%，剩下的 40% 只有等一个月后树或草成活了才发给工人。我们要修改一下程序了，已知光头强种的树成活了 70%，种的草成活了 80%，代码如下。

```
tree = 10
grass = 200
money = tree*10 + grass*0.2
money = money*0.6                              # 第一次发的工资
money2 = tree*10*0.4*0.7 + grass*0.2*0.4*0.8
                                               # 第二次发的工资
print(money+money2)
```

上面的程序已经不错了。但是熊大的工人越来越多，每次改动代码比较麻烦而且容易出错，怎么能更方便一些呢？我们可以用我们之前学习的 input 语句输入种树和种草的数量，这样就不用每次都修改代码了！代码如下。

```
tree = input("种树的数量：")
grass = input("种草的数量：")
tree = int(tree)
grass = int(grass)
money = (tree*10 + grass*0.2)*0.6 # 第一次发的工资
money2 = tree*10*0.4*0.7 + grass*0.2*0.4*0.8
                                  # 第二次发的工资
print(money+money2)
```

这里要注意通过 input 语句获得的数据是字符串类型，即使我们通过终端输入的是数字，存入变量的也是字符串类型。而进行算术运算一定要使用数字类型，这就需要用 int() 把结果转化为数字类型。例如，前面的代码中 int(tree) 就是把原来存在变量 tree 里的字符串转化为数字类型，并通过“=”重新赋值给变量 tree，于是就有了代码 tree = int(tree)。代码

grass = int(grass) 也是同样的道理。

7.2 算术运算的应用案例 —— 蛋糕店的计算程序

除了计算工资，算术运算的程序还有很多应用，假如你开了一家蛋糕店，每天要计算赚了多少钱。有程序帮忙可方便多了！已知你做了三种蛋糕 —— 草莓蛋糕、香蕉蛋糕和抹茶蛋糕，这三种蛋糕每块分别能赚 1 元、2 元、3 元。一天一共赚了多少呢？代码如下。

```
cake1 = input("草莓蛋糕卖出的数量：")
cake2 = input("香蕉蛋糕卖出的数量：")
cake3 = input("抹茶蛋糕卖出的数量：")
cake1 = int(cake1)
cake2 = int(cake2)
cake3 = int(cake3)
money = cake1*1+cake2*2+cake3*3
print("蛋糕店今天一共盈利：", money)
```

7.3 第二种运算：比较运算

计算机能进行的第二种运算是比较运算，其实就是我们常说的比较数字大小。这一类运算经常与 if 条件判断语句结合起来使用，也就是当某个数字大于、小于或等于另一个数字时，会执行特定的命令语句。常见的比较运算符见表 7.2。

表 7.2 常见的比较运算符

计算操作	编程的表示方法	编程举例
等于	= =	1= =1
不等于	!=	2!=5
大于	>	5>4
小于	<	7<9
大于或等于	>=	12>=12
小于或等于	<=	10<=12

一说到比较数字大小，我们马上就想到了拍卖会。展示一件商品，大家开始竞价，谁出的价格高就卖给谁。拍卖会的起拍价是 1000，拍卖过程怎么用程序表示呢？代码如下。

```
p1 = 1001
if p1 > 1000:
    print("成交!")
```

是不是超级简单？只要我们的出价 p1 大于起拍价 1000，就能成交。但是上面的程序只能出价一次，利用 for 循环语句就能实现多次出价啦！代码如下。

```
p = 1000
for i in range(3):
    p1 = input(" 请出价：")
    p1 = int(p1)
    if p1 > 1000:
        p = p1
print(" 成交价格 ", p)
```

7.4 比较运算的应用案例 —— 猜数字

你一定玩过猜数字小游戏吧。这个游戏很容易用程序模拟，它就用到了我们学习的比较运算呢！代码如下。

```
n = input(" 请输入你猜的数字：")
n = int(n)
if n > 66:
    print(" 猜大了！ ")
elif n < 66:
    print(" 猜小了！ ")
```

```
    else:
        print("猜对了！")
```

目标数字是66，猜大了或猜小了都会有提示，猜对了也会给出反馈。不过上面的代码并不完善，第一次猜错虽然给了提示但并没有给再次猜数字的机会。我们来完善一下代码！

```
for i in range(10):
    n = input("请输入你猜的数字：")
    n = int(n)
    if n > 66:
        print("猜大了！")
    elif n < 66:
        print("猜小了！")
    else:
        print("猜对了！")
        break
```

上面的代码我们设置了10次机会，终于可以痛痛快快地玩啦！你一定发现了最后一行有break语句，它的作用是什么呢？你可以尝试着删除这行代码，发现什么了吗？即使猜对了数字，程序还让我们继续猜。所以break语句的作用就是让我们在猜对的时候退出for循环语句。

7.5　第三种运算：逻辑运算

我们在做事情或谈条件的时候，一定经常遇到需要多个条件一起判断的情形。例如，我们会在写完作业并且天气晴朗的时候去找同学打篮球，所以去找同学打篮球需要同时满足两个条件。

有时我们也会给别人提供多个选择，比如，如果把新书借给我或者把新球拍给我用一下，我就会告诉你一个小秘密。这样一来，让我告诉别人一个小秘密就要至少满足一个条件，或者借给我新书，或者给我用一下新球拍。

有时我们会说除非太阳从西边出来，否则自己才不会吃榴莲呢。也就是说只要不满足“太阳从西边出来”这个条件，我们就不会吃榴莲。

像这种同时考虑多个条件关系的运算，我们称为逻辑运算。逻辑运算总结起来一共有三种：多个条件必须同时满足的情况称为“且”，用 and 连接不同条件；多个条件至少满足一个的情况称为“或”，用 or 连接不同条件；不满足某个条件的情况称为“非”，需要在条件前加 not。这样说有点儿枯燥，我们用案例来进行讲解吧！

■ 7.5.1 and

写完作业并且在天气晴朗的时候去找同学打篮球，怎么用程序表示呢？ homework = 1 表示写完作业，weather = 1 表示天气晴朗，两个条件用 and 连接表示需要同时满足，这样才会执行结果，代码如下。

```
homework = 1
weather = 1
if homework == 1 and weather == 1:
    print(" 打篮球！ ")
```

我们延伸一个案例，假如我们要成立一个少年编程天才小组，只有做过 10 个以上编程作品并且年龄不超过 18 岁的小伙伴才能加入。我们要怎么写一个自动注册的程序呢？代码如下。

```
num = input(" 请输入编程作品数量：")
age = input(" 请输入你的年龄：")
num = int(num)
age = int(age)
if num >= 10 and age <= 18:
    print(" 欢迎加入 ")
else:
    print(" 条件不符合，很遗憾你不能加入。")
```

■ 7.5.2　or

再来看看，想要我说出一个小秘密需要的条件：把新书借给我或者把新球拍给我用一下。通过 or 连接的两个条件，只要有一个成立就能执行对应的语句。同样我们用数字 1 代表条件成立，0 代表条件不成立。代码如下。

```
book = 1
ball = 1
if book == 1 or ball == 1:
    print("会告诉你我的秘密！")
```

我们来拓展一下。你在景区或者展览馆肯定见过这样的规定：15 岁及以下的小孩和 60 岁及以上的老人免门票。我们来分析一下，“年龄小于等于 15 岁”和“年龄大于等于 60 岁”，只要满足任意一个条件就能免门票，这里需要用 or 连接，代码如下。

```
age = input("请输入你的年龄：")
age = int(age)
if age <= 15 or age >= 60:
    print("无须买票，直接参观！")
else:
    print("购票金额 5 元。")
```

■ 7.5.3　not

除非太阳从西边出来，否则自己才不会吃榴莲呢，这个案例中只要条件“太阳从西边出来”不满足，我们就不会吃榴莲。像这种否定一个条件的情况属于“非”，要在条件前面加 not。

```
sun = "东"
if not sun == "西":
    print("不吃榴莲")
```

上面案例中 sun == "西" 前面加了 not。表示只有当这个条件不满足时才会执行程序接下来的语句。

这种情况在生活中也会经常用到，比如，商店会给到顾客一些优惠券。分析一下，给优惠券的条件：不能是新顾客，也就是来店里的次数不能是 0 次，代码如下。

```
n = input("请输入你来店的次数：")
n = int(n)
if not n == 0:
    print("您是老顾客，送你一张优惠券")
else:
    print("您是新顾客，欢迎光临！")
```

再延伸一个案例。你开了自助餐厅，但是附近有个“大嘴怪”，每次来他都会把所有东西吃光，所以除了“大嘴怪”谁都可以进入。用代码表示一下吧！

```
name = input("请输入名字：")
if not name == "大嘴怪":
    print("欢迎光临", name, "，请进！")
else:
    print("很遗憾你不能进入！")
```

我们这一章学习了三种运算：算术运算、比较运算和逻辑运算。其实我们的世界是充满数字和计算的世界。认真观察，一定会发现很多有关计算的秘密！快来观察并用程序模拟吧！

第八章

储物百宝箱 —— 列表

重点知识

1. 掌握定义列表的方法
2. 熟悉对列表的增、删、查、改操作
3. 学习遍历列表的方法

在之前的学习中，我们学习了一个非常实用的用来存储数据的容器 —— 变量。如果需要我们存储三个数据，还记得之前我们是怎么处理的吗？没错！就是存在三个变量里。但是你想过没有，假如我们要存储的数据很多，有 30 个、300 个、30000 个或更多，我们还能用相应数量的变量存储吗？从技术角度来说是可以实现的，但是从实用角度来说非常不方便。那有没有什么简便的方法呢？

我们在学习变量的时候，把变量比喻成一个盒子。我们把很多个盒子连在一起，变成一个整体，并给每个盒子编号，这样看起来就像一辆小火车，这就能解决我们的问题了。由于连在一起的是一个整体，我们只需要起一个名字就可以了。在Python编程中真的有储物百宝箱，它就是“列表”。

8.1 列表的定义

我们已经学习了数字、字符串两种类型的数据，列表也是一种数据类型。列表与数字、字符串不一样，它是一种集合型的数据，如图8.1所示。一个列表就像一列小火车，可以存储很多个元素。

列表名 = [元素1, 元素2…元素x]

例： fruit = ["西瓜", "葡萄", "香蕉","苹果"]

图 8.1 列表示意图

在编程中怎么表示列表呢？代码如下。

```
fruit = ["西瓜", "葡萄", "香蕉", "苹果"]
```

从上面的代码中我们可以看到，表示列表时要用英文格式的方括号，各个元素放在方括号里并用英文格式的逗号隔开。最后给列表起个名字，也就是通过赋值符号（=）赋值给一个变量。赋值的操作和把一个数据存入变量的方法是一样的。

是不是很简单？你可能会有疑惑，列表到底能存储多少个元素？需要提前说明列表的大小吗？答案是不需要提前说明。列表是可伸缩的，无论有多少个元素，都可以按照格式放在方括号里。不信的话你可以尝试着把你喜欢的东西都存入一个列表，可以是幸运数字、喜欢的食物、崇拜的卡通人物……定义完列表，可以通过 print 把列表输出哦！代码如下。

```
    like = [6, "香蕉", "海底两万里", "小狗lucky", "海贼王",
3.1415, "汉堡", "迪士尼"]
    print(like)
```

是不是很简单？列表的大小是可以根据元素的多少进行伸缩的，而且同一个列表是可以存储不同类型的数据的。上面的列表中同时存储了数字和字符串。偷偷地告诉你，列表也可以作为一个元素存入另一个列表中，但这个比较复杂，我们后面再学。

8.2　列表的索引和操作

列表确实是一个储物百宝箱，但存储数据的最终目的是拿来用的。多个数据存进列表之后要怎么分别拿出来用呢？

我们前面说过，列表就像是把很多个盒子连在一起并给每个盒子编号。我们给每个盒子编号也就是给存入列表的每个数据都编号了，这个编号我们称为索引。

如图 8.2 所示，列表的索引是按照元素的位置从左到右并从 0 开始的。假如有一个包含三个元素的列表，它的第一个元素的索引是 0，最后一个元素的索引是 2。假如有一个长度为 n 的列表，它的第一个元素的索引是 0，第二个元素的索引是 1，第三个元素的索引是 2……倒数第二个元素的索引是 n–2，最后一个元素的索引是 n–1。

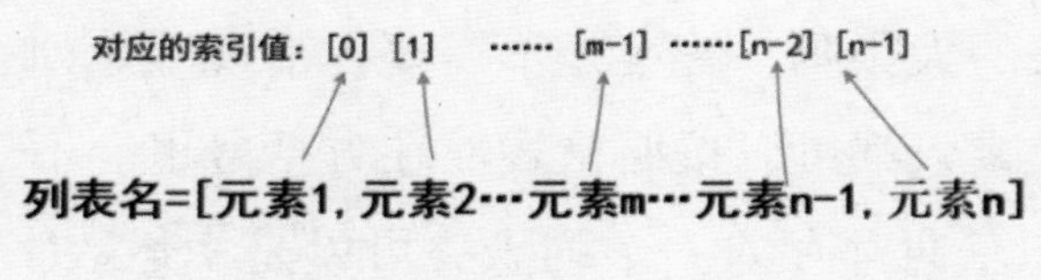

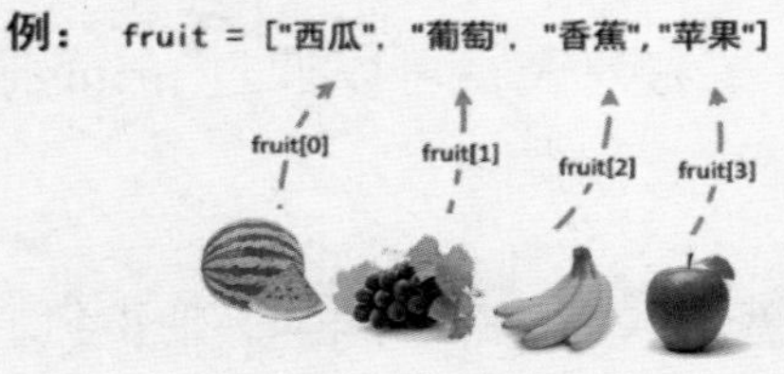

图 8.2 列表索引示意图

索引要怎么发挥作用呢？这就需要学习列表的操作，主要涉及增、删、查、改四个操作。

■ 8.2.1 列表操作 —— 查找

知道了索引，我们要怎么获得列表元素呢？这就涉及查找操作。列表名后面紧跟英文格式的方括号，方括号里填写索引，这样就能获得对应的元素，代码如下。

```
hero = ["孙悟空", "海贼王", "葫芦娃"]
print(hero[0])
print(hero[2])
```

■ 8.2.2 列表操作 —— 修改

如果发现列表中有一个元素写错了，我们要怎么修改呢？这和我们写文章时写错字要修改一样，需要两个步骤：第一步找到这个元素，第二步改写成正确的元素。程序中用赋值符号（=）连接这两个步骤，赋值符号左边用索引查找到这个要修改的元素，赋值符号右边写出修改后的元素，代码如下。

```
hero = ["孙悟空", "海贼王", "葫芦娃"]
hero[0] = "黑猫警长"
print(hero)
```

■ 8.2.3 列表操作 —— 增加

用列表存储数据时，肯定会遇到需要临时增加元素的情况。这个操作也很简单，列表名称后面加个英文格式的句点，再紧跟 append，后面是英文格式的括号，括号里写上要增加的元素就可以啦！需要注意的是，增加的列表元素会放在列表其他元素的后面，代码如下。

```
hero = ["孙悟空", "海贼王", "葫芦娃"]
hero.append("擎天柱")
print(hero)
```

■ 8.2.4 列表操作 —— 删除

有增加就会有删除，删除列表元素的方法和增加列表元素的格式很像，主要是把 append 变为 remove，这样就可以了。具体来说，列表名称后面加个英文格式的句点，再紧跟 remove，后面是英文格式的括号，括号里写上要删除的元素就可以啦！代码如下。

```
hero = ["孙悟空", "海贼王", "葫芦娃"]
hero.remove("海贼王")
print(hero)
```

8.3 列表遍历

前面我们通过索引能够查询列表中的特定元素。但如果我们想依次查询列表中的每一个元素，而列表中的元素又很多时，这个方法就一点儿也不方便了。

这时候我们就会用到列表遍历。遍历就是逐个查看的意思，代码如下。

```
hero = ["孙悟空", "海贼王", "葫芦娃"]
for n in hero:
    print(n)
```

这里要注意和 for 循环语句进行区分，这里没有用到 range。

假如你善于思考可能会想到，for 循环语句中的循环变量 i 的变化规律与列表索引的规律是一致的。用循环变量 i 作为列表索引是不是也可以实现列表遍历呢？当然可以，但这个方法会比我们介绍的方法复杂一些。后面我们会在使用的时候进行具体讲解，你也可以尝试着自己写代码。

8.4 列表应用案例 1——快递柜

生活中随处可见的快递柜就可以被理解成一个列表，我们取快递包裹就是从列表中删除元素，寄快递包裹就是向列表中添加元素，取快递包裹的代码如下。

```
cabinet = ["衣服包裹", "图书包裹", "玩具包裹", "信件包裹"]
n = input("请输入柜子编号：")
n = int(n)
good = cabinet[n]
print("你已经取了包裹：", good)
cabinet.remove(good)
print("当前快递柜状态：", cabinet)
```

要实现寄快递包裹的功能，只需再加上几行代码：

```
good2 = input("请输入要邮寄的物品：")
cabinet.append(good2)
print("存储完毕，当前快递柜状态：", cabinet)
```

8.5 列表应用案例 2 —— 酒店登记系统

酒店登记系统也可以被理解成一个列表，对每个房间都进行了编号（索引），客人入住就是向列表中添加元素，客人离开就是从列表中删除元素，查看酒店当前的入住情况就是遍历列表，代码如下。

```
hotel = ["光头强", "哪吒"]
name = input("请输入入住客人的姓名:")
# 办理入住
hotel.append(name)
print("办理入住完毕，当前酒店状态:")
for n in hotel:
    print(n)
# 办理离店
name = input("请输入离店客人的姓名:")
hotel.remove(name)
print("办理离店完毕，当前酒店状态:")
for n in hotel:
    print(n)
```

列表本质上就是一个带编号的容器组合，是集合型数据。在我们的生活中有很多类似列表的容器，如火车、密码柜、仓库等，你能用代码把它们的功能表示出来吗？或者你能做一个存储很多神奇东西的百宝箱吗？

第九章

名副其实的“记忆大师”——字典

重点知识

1. 掌握定义字典的方法
2. 熟悉对字典的增、删、查、改操作
3. 学习字典遍历的方法

先考你几个生僻字！你知道“兲”“龘”“龘”“燚”这几个字的意思吗？是不是想查字典？想象一下这几个字在字典中的样子：一个字对应着读音和意思，每个词条都是成对出现的。

怎么让计算机来记忆或存储这些文字和解释呢？用我们学过的数字、字符串、列表这几种类型的数据都不能很好地存储和查询。其实，在Python编程中有一种数据类型可以专门存储这样成对出现的数据，我们称之为“字典”。

使用这种数据类型，我们就可以通过某个字直接查到它对应的意思。但编程中的字典可不是只能用来存储生僻字的。字典是一种非常重要的数据类型，用途非常广泛，它可以存储任何符合格式规律的数据。通过字典你可以让计算机成为名副其实的“记忆大师”，我们可以让计算机记单词、数字、口诀等。

9.1 字典的定义

在Python编程中要如何表示字典呢？如图9.1所示，首先，大括号是字典的标志，把各条数据放入大括号中并用英文格式的逗号隔开。每条数据都是成对出现、一一对应的，组成每条数据的两个部分用英文格式的冒号连接。最后，给字典起一个名字，也就是赋值给一个变量。

字典名字 = {“键1”: “值1”,“键2”: “值2”,……“键x”: “值x” }

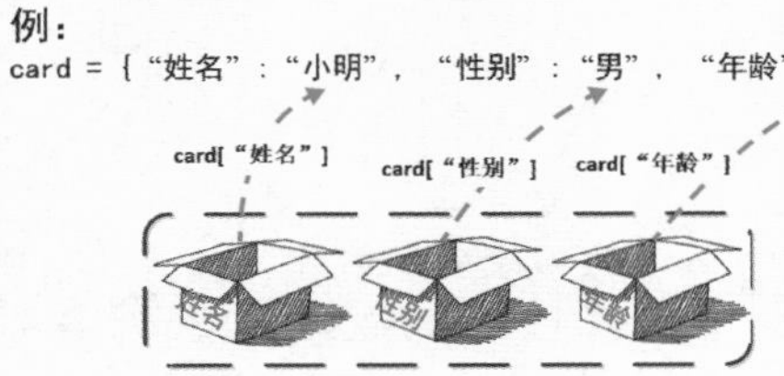

例:
card = { “姓名” : “小明” , “性别” : “男” , “年龄” :12}

card[“姓名”] card[“性别”] card[“年龄”]

图 9.1 字典示意图

字典中的每个元素都是由两部分组成的，我们将这样的一条数据称为“键值对”。前半部分称为“键名”或“键”，后半部分称为“键值”或“值”。我们要用前半部分来查询后半部分，代码如下。

```
word = {
    " 兲 ": " 古代生僻字，同天 ",
    " 羴 ": " 膻的异体字 ",
    " 鱻 ": " 鲜的异体字 ",
    " 燚 ": " 意为火神，表示火燃烧的样子 "
}
print (word[" 兲 ])
```

所以字典适合存储一一对应的成对出现的数据，如英文单词和其对应的中文释义，代码如下。

```
dict1 = {
    "dictionary": " 字典 ",
    "memory": " 记忆 ",
    "monster": " 怪兽 "
}
print(dict1)
```

字典也可以存储通讯录里的姓名和其对应的电话号码，代码如下。

```
phonebook = {
    " 王小明 ": "85220101123",
    " 李晓红 ": "40220102229",
```

```
        "张明达": "75222001188",
        "刘天天": "95214561167"
    }
    print(phonebook)
```

总之，用字典存储数据的核心要点就是要把数据变成键值对的形式。

9.2 字典的操作

对字典的操作和对列表的操作一样，也是分为增、删、查、改四种。

■ 9.2.1 查询

查询字典的数据要通过键值对的“键”完成，也就是用键值对的前半部分查后半部分。首先写出字典名，后面是一对英文格式的方括号，方括号里写上想查询的“键”就可以了。

例如，我们可以通过 word["燚"] 查生僻字“燚”的意思，整体代码如下。

```
word = {
    "兲": "古代生僻字，同天",
    "彞": "膻的异体字",
    "鱻": "鲜的异体字",
    "燚": "意为火神，表示火燃烧的样子"
}
print(word["燚"])
```

也可以用同样的方法查字典 phonebook 中王小明的电话号码，代码如下。

```
phonebook = {
    "王小明": "85220101123",
    "李晓红": "40220102229",
```

```
    "张明达": "75222001188",
    "刘天天": "95214561167"
}
print(phonebook["王小明"])
```

观察上面的代码，是不是和查询列表元素有相似的地方呢？找出相同之处和不同之处，这种对比学习方法可以让你记得更牢固。

你知道吗？在对字典的四种操作中，查询操作是最基础的，同时也是最重要的，其他操作都是在查询操作的基础上完成的。不信的话，一起来看看下面的操作！

■ 9.2.2　修改

如果我们想要修改键值对，就要先找到键值对。要怎么找呢？用刚刚学习的查询操作。查到之后，直接用赋值符号（=）赋上新的键值就可以了。

```
phonebook["王小明"] = "12345678910"
```

这里要说明一下，修改操作指的是修改已有键值对的键值。不能用这种方法修改键名，如果想执行这个操作，需要用后面的方法，删除这个键值对再重新添加，这样才可以。

■ 9.2.3　增加

怎么向字典中增加新的键值对呢？也要先通过查询功能，查找有没有相同的键名，然后再用赋值符号（=）赋上新的键值，这样就可以了。

```
phonebook["李小帅"] = "12178720298"
```

你可能会有疑问，如果通过查询操作，发现字典中已经有相同的键名了，那不就变成了修改键值对的操作了吗？没错，对字典的增加和修改的操作在代码形式上是一样的，关键就看字典中是不是已经有这个键名了，如果有就执行修改操作，如果没有就执行增加操作。

■ 9.2.4 删除

如果想删除一个键值对，也要先找到这个键值对。还是先用查询操作，然后在查询结果前面加上代表删除的 del 就可以了。

```
del phonebook["李晓红"]
```

我们可以把对字典的增、删、查、改四个操作看作四兄弟。“查”是大哥，其他三个兄弟“增”“删”“改”都需要借助“查”的力量才能完成。同时这四个兄弟中还有一对双胞胎——“增”和“改”。为什么这么说？因为他们长得一样，前面已经提到具体执行哪项操作关键看字典中是不是已经有这个键名了，如果有就执行修改操作，如果没有就执行增加操作。

9.3 字典遍历

在学习列表的时候，我们知道遍历就是逐个查看的意思。字典也是一种集合型数据，也有遍历的功能。遍历字典的方法和遍历列表是一样的，代码如下。

```
phonebook = {
    "王小明": "85220101123",
    "李晓红": "40220102229",
    "张明达": "75222001188",
    "刘天天": "95214561167"
}
for k in phonebook:
    print(k)
```

这里一定要注意，遍历字典实际上遍历的是“键名”，要想遍历“键值”，需要在遍历过程中增加查询操作，代码如下。

```
for k in phonebook:
    print(phonebook[k])
```

9.4 字典的应用案例 1 —— 百科记忆大师

以前的智者因为博学受到人们的尊敬，如今你也可以借助字典记住很多百科知识，成为百科记忆大师，代码如下。

```
know = {
        "为什么鲸鱼会喷水？": "鼻孔长在头顶，在水面换气呼吸时会让海水喷出。",
        "萤火虫为什么会发光？": "腹部有发光器，里面含有磷的发光物质。",
        "最深的海是什么？": "珊瑚海，最深的深度约为 9175 米。"
}
print(know)
```

9.5 字典的应用案例 2 —— 生日备忘录

我们可以把朋友的名字和生日组成键值对，存在字典里，供我们随时查询，代码如下。

```
birth = {
    "王小明": "5月20日",
    "李晓红": "7月10日",
    "张明达": "3月12日",
    "刘天天": "5月2日"
}
name = input("要查谁的生日？请输入名字：")
print("查询结果", birth[name])
```

9.6 字典的应用案例 3 —— 个性档案

我们可以用字典写出一个人的名片或档案，代码如下。

```
hero = {
    "姓名": "孙悟空",
    "武器": "金箍棒",
    "职业": "和尚",
    "本领": "七十二变",
    "称号": "斗战胜佛",
    "口头禅": "俺老孙来也！"
}
print(hero)
```

学完字典后，你有信心让你的计算机成为“记忆大师”了吗？你能利用字典制作英文单词学习助手、谜语大全、歇后语大全、通讯录等程序吗？

第十章

制造惊喜的源泉 —— 随机数

重点知识

1. 掌握导入库的方法
2. 掌握随机数的使用方法
3. 理解随机数的应用场景

你喜欢抢微信红包吗？你喜欢线下抽奖吗？你喜欢拆盲盒吗？大多数人都喜欢惊喜，有些事情的结果越是随机的、不确定的，我们就越觉得有意思。要怎么用程序来制造这种不确定性呢？这就用到了我们这一章要学习的“随机数”。

10.1 生成随机数的方法

生成随机数需要两步操作：首先是要导入随机库，然后是利用randint。

这是我们第一次接触库的概念，我们可以把它理解成包含很多功能的仓库。在Python编程中有各种各样的库，它们可以帮助我们完成各种不同的程序操作。如有专门画图的库、做游戏的库、计算时间的库、处理数据的库……

要想使用库里的内容，就需要先导入库，相当于把对应的功能仓库搬进我们的程序，一般导入库的语句放在程序的最上方。下面我们导入随机库，代码如下。

```
import random
```

导入了随机库之后，我们就可以用里面的功能了，随机库里有很多功能，我们最常用的功能函数是生成随机整数的randint，如图10.1所示。我们需要在randint前面写上“库名”和“.”，代表特定库中的具体功能，这里的“.”可以理解为“的”。randint后面的英文格式的括号里需要填写两个整数，代表随机数的范围。这里要注意，随机范围包括括号里的两个数，我们可以记忆为“顾头又顾尾”。

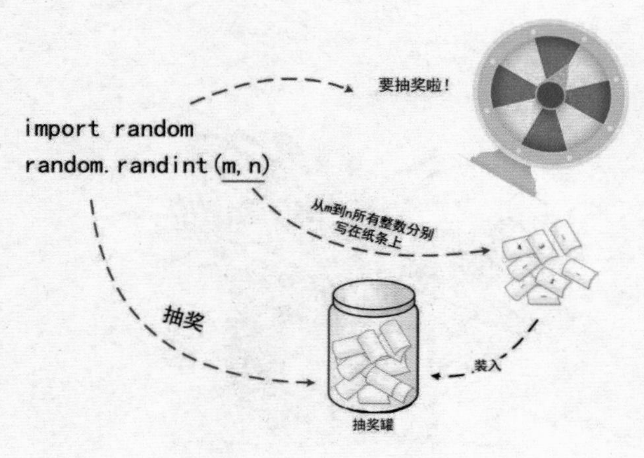

图10.1 生成随机数的示意图

生成随机整数的代码如下。

```
import random
num = random.randint(1, 100)
print(num)
```

运行上面的代码，会生成一个 1 ~ 100 的随机整数（结果可能是 1 ~ 100 的任意整数）。多运行几次就会发现，每次运行都会在数据范围内产生不同的结果。

生成了随机数，我们要怎么使用呢？一般有两种方式，我们一起来学习一下吧。

10.2　随机数的使用方式 1——直接使用

有的时候我们可以直接使用产生的随机数，如抢微信红包。随机数就是我们得到的金额，代码如下。

```
import random
money = random.randint(10, 30)
print("你获得的红包金额：", money)
```

或者我们出计算题，可以直接使用随机数作为算式中的数字，代码如下。

```
import random
n1 = random.randint(1, 10)
n2 = random.randint(1, 10)
print(n1, "+", n2, "=?")
myanswer = input()
myanswer = int(myanswer)
if myanswer == n1+n2:
    print("回答正确")
```

```
else:
    print(" 回答错误 ")
```

10.3 随机数的使用方式 2 —— 作为标志

有的时候我们不直接使用随机数，而是将随机数作为标志再对应不同的选项。例如，有的抽奖会将数字写在乒乓球上，规则是不同的数字对应一等奖、二等奖、三等奖。参与者抽到数字的随机结果作为标志，对应规则后才能知道中奖结果。

我们来模拟上述抽奖，代码如下。

```
import random
n = random.randint(1, 10)
if n == 1:
    print(" 你获得了一等奖 ")
elif n == 2:
    print(" 你获得了二等奖 ")
elif n == 3:
    print(" 你获得了三等奖 ")
elif n == 4:
    print(" 你获得了参与奖 ")
else:
    print(" 你没有获奖 ")
```

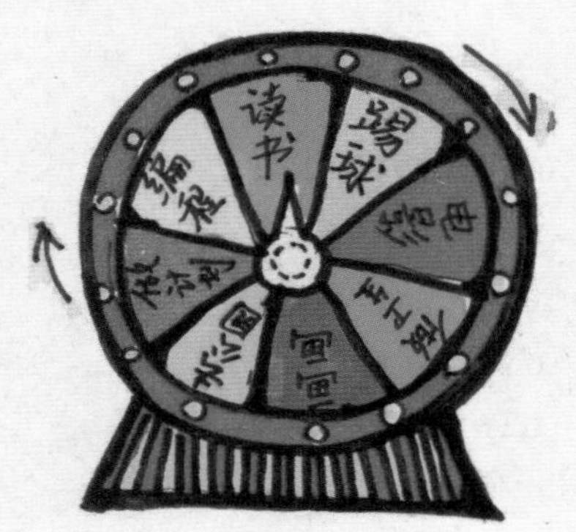

10.4　随机数应用案例 1 —— 今天谁做卫生

你有没有遇到过大家谁都不想做或不想先做一件事的情形，这时候你要怎么解决呢？可以通过“石头、剪刀、布”的方式决定，也可以通过制作随机程序的方式决定，代码如下。

```
import random
n = random.randint(1, 3)
if n == 1:
    print("今天爸爸做卫生")
elif n == 2:
    print("今天你做卫生")
else:
    print("今天妈妈做卫生")
```

在“石头、剪刀、布”的决定方式中，对决的双方都是随机出的，你能用程序模拟这个过程吗？

10.5　随机数应用案例 2 —— 拯救选择困难症

面对众多选项，你有过不知道怎么选择的情形吗？例如，今天先做哪科作业？今天穿什么衣服？今天玩什么游戏？今天吃什么？今天读什么书？……我们把这种状态叫作选择困难症。这些都可以通过制作一个随机程序来完成，代码如下。

```
import random
n = random.randint(1, 3)
if n == 1:
    print("周六先读书吧！")
```

```
    elif n == 2:
        print(" 周六先踢足球吧！ ")
    else:
        print(" 周六先做个计划吧！ ")
```

随机数给我们的生活带来了很多乐趣，也帮我们解决了很多问题，例如，决定比赛的出场顺序、抽样做调研、艺术家寻找创作灵感、购买体育彩票……你能开动脑筋找到更多的随机数应用场景吗？尝试挑战一下，把更多的场景写成代码吧！

第十一章

时间管家 —— time 库

重点知识

1. 掌握用时间戳计时的方法
2. 掌握 sleep 方法

如果要举办口算比赛，我们怎么判断输赢呢？如果要举办一场“云马拉松比赛”（即不在同一地点进行比赛），我们怎么确定排名呢？

答案的关键就是时间。口算比赛获胜可以比较在相同时间内谁算对的题目多，或者算对相同的题目比较谁用的时间少来确定。“云马拉松比赛”的排名可以根据跑完规定距离所用时间的长短来确定。

现实中我们可以借助秒表完成计时，在编程中我们要怎么计时呢？这就用到了“time 库”。

11.1 用 time 库计时的方法

其实用程序计时和用秒表计时极其相似，一共有四个步骤。

第一步：拿出秒表；

第二步：第一次按秒表开始计时；

第三步：第二次按秒表结束计时；

第四步：计算最终结果，即两次按秒表的时间相减。

下面我们依次用程序实现上面四个步骤。

第一步：拿出秒表。拿出秒表代表的是准备好工具。我们需要导入专门处理时间的工具仓库 —— time 库。导入库的方法和上一章导入随机库的方法是一样的，代码如下。

```
import time
```

第二步：第一次按秒表开始计时。按下秒表就记录下这一时刻，在 time 库中我们称为“时间戳”，就像拿着邮戳盖章一样，将此刻定格。代码如下，我们需要将这个时刻存在一个变量里。

```
t1 = time.time()
```

第三步：第二次按秒表结束计时。第一次按下秒表后，就开始执行对应的过程，直到过程完成后，就需要第二次按下秒表。程序的实现方法与上一步是一样的，代码如下。

```
t2 = time.time()
```

第四步：计算最终结果。最后一步就是计算啦！有了两次按下秒表记录的时刻，想要算出一共用了多少时间，肯定是用第二个时间戳减去第一个时间戳，得到的结果就是计时结果，代码如下。

```
t = t2 - t1
```

我们可以用时间戳功能来进行一次感知时间比赛，看谁对时间的感知最准确，代码如下。

```
import time
print("感知 5 秒，看谁最厉害！ ")
t1 = time.time()
word = input("计时已经开始。结束请输入 1：")
t2 = time.time()
t = t2 - t1
print("用时：", t, "秒")
```

11.2　time 库计时应用 1 —— 记忆圆周率

来挑战一下记忆圆周率吧！用上计时功能，看谁最快，代码如下。

```
import time
t1 = time.time()
print("请记住下面数字：3.141592653589793，计时开始：")
word = input("请输入：")
t2 = time.time()
t = t2-t1
print("用时：", t, "秒")
```

11.3 time 库计时应用 2 —— 口算大比拼

口算大比拼开始了！看谁用的时间短！代码如下。

```
import time
import random
t1 = time.time()
n1 = random.randint(1, 20)
n2 = random.randint(1, 20)
print(n1, "+", n2, "=?")
answer = input()
if int(answer) == answer:
    print(" 回答正确 ")
t2 = time.time()
t = t2-t1
print(" 用时：", t, " 秒 ")
```

上面的口算大比拼程序只能做一道题，太没挑战性了。改造一下程序，让它能够出多道题吧！代码如下。

```
# 口算升级，出多道题
import time
import random
t1 = time.time()
for i in range(5):
    n1 = random.randint(1, 20)
    n2 = random.randint(1, 20)
    print(n1, "+", n2, "=?")
    answer = input()
    answer1=n1+n2
    if int(answer) == n1+n2:
        print(" 回答正确 ")
```

```
    t2 = time.time()
t = t2-t1
print("用时：", t, "秒")
```

11.4　节奏大师 —— sleep 语句

如果我们没有感情地且快速地读完一首唐诗，肯定没什么意思。朗诵一首唐诗，我们要按节奏去朗读，抑扬顿挫才有韵味。在程序中要怎么进行停顿呢？用 time 库中 sleep 语句就可以。sleep 后面的括号里填上代表时长的数字，注意单位是秒哦！

例如，我们想停顿 3 秒，代码如下。

```
time.sleep(3)
```

11.5　sleep 语句应用 1 —— 朗诵诗歌

让 sleep 语句帮助我们停顿，以这样的方式“朗诵”诗歌是不是更有韵味了？代码如下。

```
import time
print("春眠不觉晓")
time.sleep(1)
print("处处闻啼鸟")
time.sleep(1)
print("夜来风雨声")
time.sleep(1)
print("花落知多少")
```

11.6 sleep 语句应用 2 —— 智能烤面包机

制作香喷喷的面包是需要把握时间的，一起写一个智能烤面包机的模拟程序吧！代码如下。

```
import time
print("智能烤面包机开始工作")
time.sleep(1)
print("搅拌")
time.sleep(3)
print("发酵")
time.sleep(3)
print("烘烤")
time.sleep(2)
print("叮咚，香喷喷的面包出炉了！")
```

time 库最常用的功能就是计时和停顿。你还能想到其他的应用场景吗？快来动手编程吧！

第十二章

提效神器——函数（一）

重点知识

1. 理解函数的概念
2. 掌握定义和调用无参函数的方法
3. 掌握定义和调用带参函数的方法

在电影或游戏中我们经常看到这样的场景：两军对垒，一方的指挥官发号命令：执行 A 计划。你想过没有，这个 A 计划会包含很多步骤、要求和注意事项。如果在发现危险时候再一条一条地去布置肯定来不及。所以把一系列命令打包成一个整体——A 计划。紧急关头，只要喊出计划的名字就能高效地落实。

在 Python 编程中，也有一种类似地提效神器。它能把很多语句、命令打包成一个整体，并且给这些语句、命令起个名字。当我们在程序中“呼唤”这个名字时，就能准确地执行这些语句、命令，这就是“函数”。

12.1　无参函数的定义

定义无参函数首先要用到关键字 def，其后面紧跟函数名，函数的命名规则与变量的命名规则是一致的。函数名后面是英文格式的小括号。然后是熟悉的“冒号、换行和缩进”，缩进之后的内容就是我们要打包的一系列语句，与 for 循环语句和 if 条件语句的格式极其相似，如图 12.1 所示。

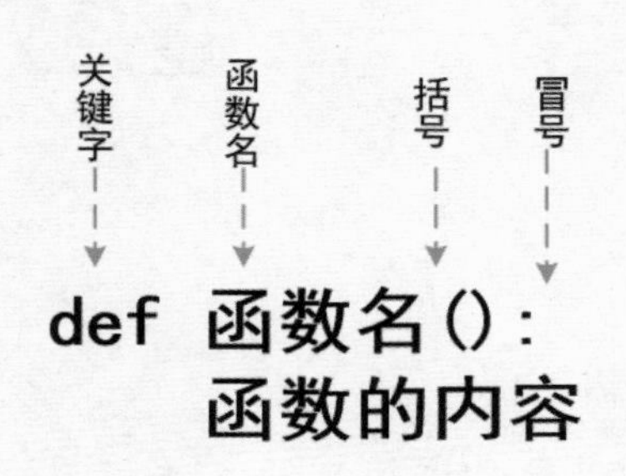

图 12.1　定义无参函数的示意图

我们将 A 计划的很多内容打包成一个函数 planA，代码如下。

```
def planA():
    print(" 执行 A 计划 ")
    print(" 敌人人数少，准备进攻 ")
    print(" 当敌人部队一半的人经过时开始进攻，把敌人部队截作两半 ")
    print(" 如有少数敌人逃跑，不要追 ")
```

如何执行这个函数里的内容呢？这就需要在程序中“呼唤”函数的名字，和指挥官下达命令“执行 A 计划”一样。执行函数里的命令的过程叫作“调用函数”。

12.2　无参函数的调用

调用无参函数才能执行函数里的命令，方法非常简单。所谓“呼唤”

函数的名字，就是先写出函数的名字，后面再加上英文格式的小括号，如图 12.2 所示。

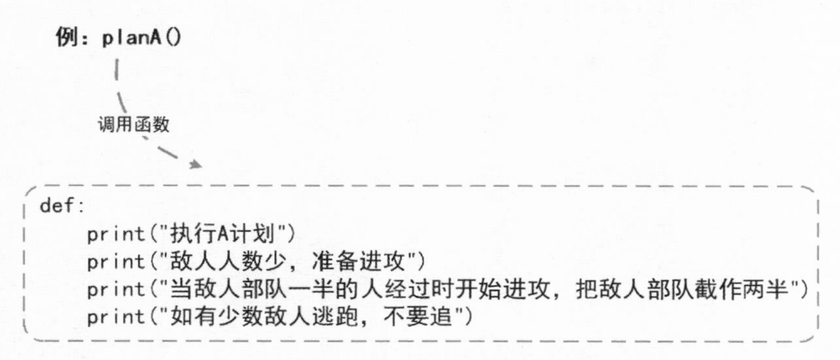

图 12.2　调用无参函数的示意图

调用无参函数 planA 的代码如下。而且定义一次函数后可以无限次调用，什么时候、什么情况、什么位置调用都由你自己决定。但需要注意，一定是先定义函数再调用函数，否则程序会报错。

```
planA()
```

总结一下，使用无参函数一共有两个步骤：定义函数和调用函数。我们可以这样记忆：第一步设计命令并起名，第二步“呼唤”名字并执行命令。

使用类似的方法，我们可以再定义一个 B 计划，根据具体情况选择执行，代码如下。

```
def planB():
    print("执行B计划")
    print("敌人人数多，我们藏起来")
    print("敌人离开后，大部队快速撤退")
    print("侦察兵跟踪敌人，随时报告")
```

我们还可以模拟一个冰激凌机器的程序，代码如下。

```
def icecream():
    print("准备蛋筒")
    print("制作小份香草口味冰激凌")
    print("将冰激凌装入蛋筒")
    print("制作完成")

icecream()
```

12.3 带参函数的定义和调用

现在问题来了，冰激凌可以被制作成大份的、中份的和小份的。我们要定义三个函数吗？定义三个函数来分别制作大份的、中份的、小份的三种冰激凌，这当然可以，就是比较麻烦。冷饮店只用一台机器，它可以制作不同大小的冰激凌，我们也可以用一个函数实现上述结果。需要把函数中的大份、中份、小份的位置用一个变量表示并把这个变量放在def那行最后的括号里。函数里的这种变量称为“参数”，如图12.3所示。

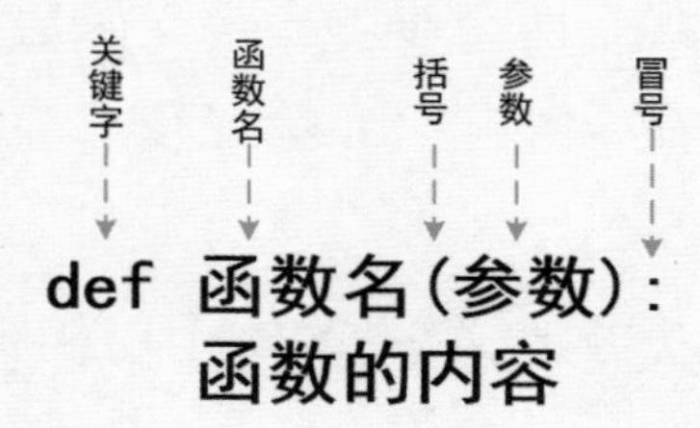

函数名（参数）

图12.3　定义带参函数的示意图

定义参数后，制作冰激凌的代码如下。

```
def icecream(size):
    print("准备蛋筒")
    print("制作", size, "香草口味冰激凌")
```

```
    print("将冰激凌装入蛋筒")
    print("制作完成")
```

参数是函数中的变量，那什么时候给这个参数赋值呢？当然是在执行函数的时候，也就是调用函数时将参数对应的数值放在函数名后面的括号里，这样调用函数时就会自动把数值赋给参数了，代码如下。

```
icecream("大份")
```

12.4　多参函数的定义和调用

买冰激凌的时候我们除了能选择大小还能选择口味。怎样用程序实现呢？函数能解决吗？当然可以，只需把口味变为另一个参数就可以了。现在冰激凌机器的函数有两个参数了，定义的时候需要注意把两个参数都写在括号里并且用英文格式的逗号隔开，代码如下。

```
def icecream(size, flavor):
    print("准备蛋筒")
    print("制作", size, flavor, "口味冰激凌")
    print("将冰激凌装入蛋筒")
    print("制作完成")
```

同样地，调用函数的时候也要将两个参数对应的值放在函数名后面的括号里，用英文格式的逗号隔开。要注意，两个参数的值与定义函数时的两个参数是一一对应的，位置不能变哦！

```
icecream("大份", "草莓")
```

我们可以根据需要为函数设置多个参数，像这种具有多个参数的函数称为“多参函数”。

12.5 函数的应用案例 1 —— 送餐机器人

你去过智能餐厅吗？送餐机器人可以按照程序将菜送到对应的餐桌，代码如下。

```
def robot():
    print("把菜送到5号桌")
    print("前进20米")
    print("左转5米")
    print("菜已送到，请顾客品尝")

robot()
```

怎么让送餐机器人能按桌号把菜送到不同的餐桌呢？只要把桌号设为参数就可以了，代码如下。

```
def robot(n):
    print("把菜送到", n, "号桌")
    if n == 5:
        print("前进20米")
        print("左转5米")
        print("菜已送到，请顾客品尝")
    elif n == 6:
        print("前进30米")
        print("菜已送到，请顾客品尝")
    else:
        print("这桌没有点菜")
```

```
robot(6)
```

12.6　函数的应用案例 2 —— 宠物匹配

你看过电影《驯龙记》吗？电影里面的人物需要找到和自己匹配的龙才能成为真正的英雄。如果我们能把这个过程变为程序，就可以让宠物店的客人快速地找到适合自己的宠物。例如，下面的程序就可以根据宠物的体型大小和性格特点，将客人和宠物进行匹配。

```
def pet(size, character):
    if size == "大" and character == "勇敢":
        print(1)
    elif size == "大" and character == "活泼":
        print(2)
    elif size == "大" and character == "安静":
        print(3)
    elif size == "小" and character == "勇敢":
        print(4)
    elif size == "小" and character == "活泼":
        print(5)
    elif size == "小" and character == "安静":
        print(6)

pet("小", "勇敢")
```

12.7　函数的应用案例 3 —— 购物网站推荐商品

线上购物越来越方便了，很多购物网站都有分类导航和推荐功能。

例如，可以根据年龄、喜欢的颜色和商品种类进行推荐，代码如下。

```
def good(age, color, kind):
    if age < 15:
        print("给您推荐", color, "儿童", kind)
    elif age < 15 and age < 30:
        print("给您推荐", color, "青年", kind)
    elif age > 60:
        print("给您推荐", color, "老年", kind)
    else:
        print("推荐其他")

good(71, "蓝色", "鞋子")
good(8, "红色", "裙子")
```

是不是感觉这一章的函数知识有点儿难？这是正常的，第一次接触函数大家可能会觉得有点儿难。但是等你真正理解了函数，就会发现函数真是一个超级好用的提升效率的编程工具，你会深深地喜欢上函数的。如果你还没完全掌握函数，可以把本章的案例多看两遍哦！

第十三章

提效神器——函数（二）

重点知识

1. 掌握函数返回值的使用方法
2. 掌握全局变量的使用方法

函数可以极大地提升编程的效率。一般执行函数会有两类结果：第一类是体现过程或行为，如上一章案例中制作冰激凌的过程或者购物网站推荐商品的过程；第二类是得到一个明确的结果。上一章的内容集中体现了第一类情况，下面我们学习第二类情况，这会用到我们这章学习的“函数的返回值”。

13.1 函数的返回值

假如我们定义了一个能够自动计算五门功课成绩的函数，五个参数代表五门功课的成绩，代码如下。

```
def score(s1, s2, s3, s4, s5):
    s = s1+s2+s3+s4+s5
```

当随机选择两名同学的成绩并调用函数时，我们发现程序无法自动比较谁的分数高。因为在函数内部定义的变量无法在函数外部使用。这就需要将计算结果传递出来，返回到函数外部。要如何做呢？只需要在函数的最后一行加上 return，按下空格后，接返回的数值或变量，代码如下。

```
def score(s1, s2, s3, s4, s5):
    s = s1+s2+s3+s4+s5
    return s
```

在调用带返回值的函数的时候，需要在调用语句的前面加上变量名及赋值符号（=），这样就能将函数的返回值赋值给这个变量了，代码如下。

```
score1 = score(85, 90, 92, 100, 86)
```

通过返回值，我们可以在函数外部获得并使用函数的计算结果，这样就可以比较任意一名同学不同学期的成绩了，代码如下。

```
score1 = score(85, 90, 92, 100, 86)
score2 = score(100, 95, 82, 89, 90)
if score2 > score1:
    print("这学期总分更高")
else:
    print("上学期总分更高")
```

13.2　函数的返回值的应用案例——结账程序

一起去吃烧烤吧，首先需要定义一个结账程序的函数。如果想在函数外部判断我们带的钱够不够，就需要将计算的消费总额返回到函数外部，代码如下。

```
def count(n1, n2, n3):
    print("点羊肉串的总价：", n1)
    print("点牛肉串的总价：", n2)
    print("点鸡肉串的总价：", n3)
    n = n1+n2+n3
    print("一共消费（元）：", n)
    return n

cost = count(5, 10, 8)
money = 100
money2 = money - cost
if money > cost:
    print("收您", money, "元。消费", cost, "元。找零",
money2, "元。")
else:
    print("您带的钱不够")
```

13.3　全局变量

请你设想一个场景，你的银行账户里有200元钱，你买零食和饮料、坐公交都要从这个账户里扣钱，用已经学过的代码知识能实现吗？我们先尝试着写一下，代码如下。

```
money = 200
```

```
def food(m):
money = money - m

food(20)
```

程序的运行结果会报错，因为函数外部的变量不能直接在函数的内部修改。需要在函数内部声明这个变量是全局变量，也就是告诉函数，这个变量是函数外部定义的那个变量。怎么操作呢？在函数内部用 global 加空格，再加上要声明的变量名就可以了，代码如下。

```
global money
```

我们提到的银行账户案例用全局变量的知识修改后，就能正常运行了，完整代码如下。

```
money = 200

def food(m):
    global money
    money = money - m

def bus(m):
    global money
    money = money - m

def water(m):
    global money
    money = money - m

food(20)
bus(2)
water(5)
print("账户余额：", money)
```

13.4　全局变量的应用案例 —— 统计考试分数

你有过这样的经历吗？在学校考完试后结果出得很慢，那有什么方法解决这个问题呢？

我们可以将一个学生的总分设置成全局变量 score，在每个科目的得分函数内部都声明 score，然后再加上单科分数，代码如下。

```
score = 0

def math(s):
    global score
    print("数学得分：", s)
    score = score + s

def chinese(s):
    global score
    print("语文得分：", s)
    score = score + s

def english(s):
    global score
    print("英语得分：", s)
    score = score + s

math(98)
chinese(99)
english(95)
print("总分", score)
```

我们通过两章内容将函数的常用内容学完了。总结一下，包括定义和调用函数的方法、参数的使用、返回值、全局变量。函数的概念虽然有点儿不好理解，但绝对值得你认真钻研，因为它可以让你的编程从“牛车”模式变为“火箭”模式。

其实生活中到处都是函数的影子。教你一个诀窍，所有按钮按下的结果大概率都是函数，所有自动化的设备大概率也涉及函数。按下洗衣机上的按钮、微波炉上的按钮、遥控器上的按钮会发生什么？想一想它们运用了什么函数？

你能找到更多函数思想的应用场景吗？

第十四章

如何快速学习一门编程语言——五个关键词

重点知识

理解编程系统

能到这里说明你已经坚持学完了一整本书，恭喜你！在编程方面你已经超越了很多同龄人。真是太厉害了！回想一下，当翻开这本书第一页时，你有没有担心学习编程会很难？对于编程，你是不是认为它是高深莫测的？现在你已经通过时间证明事实并非如此，学习编程其实就是学习一种语言——一种与机器对话的语言。编程语言与人类语言有很多相似之处，只要你懂了机器语言的构成，学习编程的过程就像结交一个好朋友。有没有觉得编写程序的过程就像与老朋友聊天一样有趣呢？

其实世界上有很多种编程语言，未来一定也会有更多新的编程语言。一般来说学习第一种编程语言是最困难的，之后学习任何一种编程语言都会变得简单。恭喜你已经在学习编程的路上迈出了最艰难的一步啦！

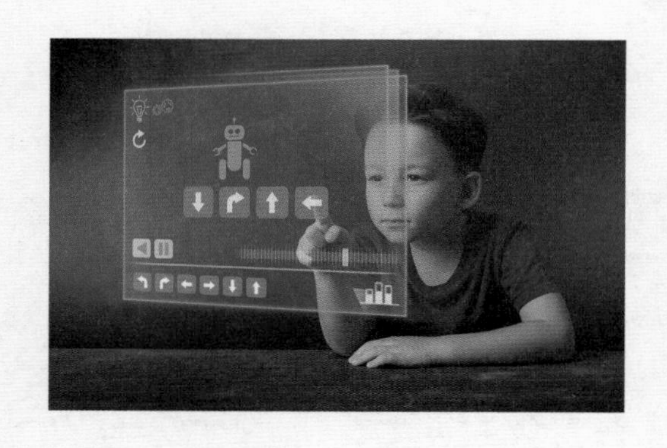

14.1 编程系统

我们要如何快速学习一门编程语言呢？其实所有的编程语言都有一个共同的结构框架（也叫编程系统），分为五个方面。我们需要记住五个关键词 —— 数据、运算、控制、执行、提高效率，并从对应的五个方面着手，这样就能让你快速地掌握最核心的知识要点，如图 14.1 所示，其实我们前面学习的内容已经覆盖了这个框架的内容。

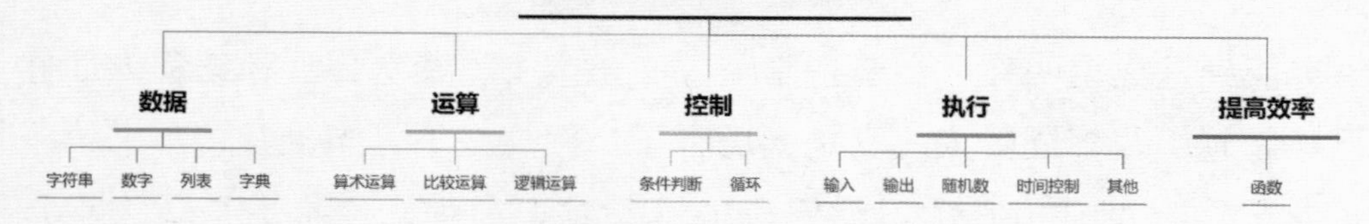

图 14.1 编程学习的五个关键词

■ 14.1.1 数据

在前面的学习中，我们学习了字符串、数字、列表、字典四种数据类型，其实编程中还有很多类型的数据等着我们去探索。

不只在编程中充满数据，我们的生活中也充满着数据。你知道吗？几千年前的中国人就已经知道这个秘密了，中国古代哲学（如《易经》）认为世间万物可以从“象”“数”“理”三个维度进行描述。比如，我们能观察到日常用品，说明它有一定的具象，你也可以从长、宽、高、质量、方位等数据角度进行描述。同时，这个东西为什么是这个样子（“象”）？为什么呈现这样的数据（“数”）？这一定是有它存在的道理的（“理”）。所以，从某种层面上说我们的世界是一个“数据世界”，我们在这里讨论的编程更是一个离不开数据的小世界。

■ 14.1.2 运算

运算指的是对各类数据进行相应的处理，我们学习了编程中的三种运算：算术运算、比较运算和逻辑运算。

只要认真观察，我们会发现这三种运算也一直伴随着我们的生活和学习。大家在数学课上就经常遇到算术运算和比较运算，逻辑运算在生活中也发挥着重要作用。例如，三个人投票决定一件事，两种相反意见的关系为“非”；几个人只要有一人同意即可通过，那么这几个人的意见之间的关系就是“或”； 几个人都同意才可以通过，那么不同人的意见之间的关系为“且”。

14.1.3 控制

控制指的是根据运算的结果调整、制订相应的指令或计划。主要包括两个方面：条件控制与循环控制。

条件控制可以是一个“看门人”，控制符合条件的人进入；条件控制也可以是“谈判者”，守住心中的底线，在一个特定的数值范围内可以接受条件并完成交易。

循环控制就像一个喜欢动脑的“机灵鬼”，人们最不想干的就是一遍又一遍地反复做同样的工作，于是人们将问题简化，制定了一个自动程序，一按下按钮，人们就可以悠闲地晒太阳去了。循环控制帮我们做了许多重复的事情，真好！

14.1.4 执行

执行部分的语句最丰富，是直接呈现最终结果的命令。在各种编程语言中，执行部分的语句也是种类和数量最多的。

我们已经学习了输入、输出、生成随机数、时间控制等语句。其实还有很多有趣、有用的执行语句等着我们去学习。后面的深入学习主要集中在执行语句。专业的程序员实现的厉害的功能也主要体现在执行语句。

执行语句都在我们学习的框架基础上发挥作用的。就像建造一座高楼，主要的钢架结构是我们的数据、运算、控制等，而砖瓦是各种各样的执行语句。

■ 14.1.5 提高效率

在这本书中我们学习了提高编程效率的工具 —— 函数。

我们要明白一点：函数对提高编程效率的作用是无可替代的，但是对于实现的功能来说，并没有添加新的东西。也就是说我们完全可以不通过函数就能完成相应的功能，我们只是换了一种更高效的程序编写方式。既然可以选择不用，那我们为什么还要学习函数呢？因为太方便、太强大了，没有理由不用。

也许初学函数时感觉有点儿难，但值得。

编程思想来源于生活，生活中的很多案例都可以体现这个框架。下面举几个例子，一起来体验一下吧。

14.2 案例一：自动驾驶汽车

假设我们要设计一辆能够自动驾驶的汽车，希望实现汽车根据周围的环境自动调整速度和方向，完成驾驶。这个过程用到了我们上述的编程系统。

数据部分：侦测与前、后、左、右的车辆或障碍物的距离，获得数据；提取当前的速度和方向数据。

运算部分：根据需求对获得的数据进行处理；

控制部分：根据运算结果制定控制计划，例如，根据车距合理地提高或降低行驶速度；根据计算结果判读是否具备改变行驶方向的条件。

执行部分：根据控制计划执行实际的操作，实现自动驾驶。

14.3　案例二：我们实现一个愿望

我们实现一个愿望的过程，其实也是在运行编程系统，如筹备一次旅行的过程。这个过程涉及很多内容：身体条件准备、财务条件准备、生活及工作的安排、出行计划的制订、出行方式的选择等。上述的每一个部分都在默默地运行着编程系统，为了简化问题，我们只提取其中的财务条件准备来进行说明。

数据部分：通过各种途径了解目的地城市旅游的各种数据，最佳旅游天数、日均消费金额、消费项目、最佳出行日期等。

运算部分：对获得的数据进行处理，一共需要多少资金，还有多长时间进行准备等。

控制部分：根据运算结果制订自己的准备计划，如每天需要获得多少资金，通过哪些项目节约资金或获得资金。

执行部分：严格执行上面制订的计划并最终完成财务条件准备。

14.4 案例三：我们的身体

让我们惊讶的是我们的身体也在默默地按照编程系统运行。身体的触觉、听觉、视觉、嗅觉、痛觉等系统都符合编程系统的设置。这里我们以视觉系统为例来进行说明。

数据部分：我们通过各个器官获得外部的刺激，这些刺激不会转换成我们熟悉的阿拉伯数字，但一定会以“数据”的形式传递给我们的大脑，如我们的眼睛感受到的光的强度。

运算部分：我们的大脑根据获得的“数据”进行精密运算，得到我们身体需要的“数据”。例如，我们将获得的光的强度的数据传递给大脑，大脑将这个强度数据与眼睛能够承受的光的强度的数据进行比较运算。

控制部分：根据大脑的运算结果进行判读，形成对器官的不同指令。例如，根据运算结果决定睁眼、眯眼、闭眼不同动作指令。

执行部分：我们的身体根据控制部分的指令产生对应的反应或动作，如执行大脑对眼睛的动作指令，当光的强度大的时候，眼睛按照指令执行眯眼或闭眼动作。

很开心陪伴你走过了编程学习之路中最艰难的一段旅程，这也是一段愉快的旅程。学习就像旅行探险，只要步履不停，就会有所收获，发现惊喜，获得成长！加油！